Python3
网络爬虫宝典

韦世东　著

电子工业出版社
Publishing House of Electronics Industry
北京·BEIJING

内 容 简 介

本书从实际的爬虫业务需求延伸到知识点和具体实现，并详细介绍了其中的原理。首先带领读者领略爬虫程序的构成和完整链条，学习自动化工具的应用场景和基本使用；接着介绍了增量爬取的分类和具体实现、基于 Redis 的分布式爬虫实现和基于 RabbitMQ 的分布式爬虫实现，通过阅读论文和源码剖析详细介绍了高准确率的网页正文自动化提取方法；然后通过源码调试了解到与 Python 项目的部署和调度相关的知识，进而动手实践，编写了一款具备权限控制、Python 通用项目部署、定时调度、异常监控和钉钉机器人消息通知的爬虫项目管理平台；最后通过解读分布式调度平台的核心架构，帮助大家了解分布式架构中最为重要的节点通信、文件同步等知识。

本书适合爬虫工程师、爬虫技术爱好者和 Python 开发者阅读，也适合爬虫团队管理者、高校教师和培训机构的讲师阅读。

图书在版编目（CIP）数据

Python3 网络爬虫宝典 / 韦世东著. —北京：电子工业出版社，2020.10

ISBN 978-7-121-39406-5

Ⅰ. ①P… Ⅱ. ①韦… Ⅲ. ①软件工具－程序设计 Ⅳ. ①TP311.561

中国版本图书馆 CIP 数据核字（2020）第 153668 号

责任编辑：林瑞和　　　特约编辑：田学清
印　　刷：三河市龙林印务有限公司
装　　订：三河市龙林印务有限公司
出版发行：电子工业出版社
　　　　　北京市海淀区万寿路 173 信箱　　　邮编：100036
开　　本：720×1000　　1/16　　印张：17　　字数：343 千字
版　　次：2020 年 10 月第 1 版
印　　次：2020 年 10 月第 1 次印刷
定　　价：79.00 元

凡所购买电子工业出版社图书有缺损问题，请向购买书店调换。若书店售缺，请与本社发行部联系，联系及邮购电话：（010）88254888，88258888。

质量投诉请发邮件至 zlts@phei.com.cn，盗版侵权举报请发邮件到 dbqq@phei.com.cn。

本书咨询联系方式：010-51260888-819，faq@phei.com.cn。

前　言

爬虫技术是当今数据时代不可或缺的搬运技术。爬虫技术在金融、房产、科技和贸易等领域中产生了很大的正向作用。企业日益增长的数据需求创造了非常多的爬虫岗位，Python 语言的蓬勃发展则造就了一大批优秀的爬虫工程师。

Python 语言的学习门槛低，也降低了爬虫技术的学习门槛。爬虫技术的发展与业务需求紧密相连，对于数据量大、数据质量要求高且讲求实效性的团队来说，如何在单位时间内获取到更多数据以及如何确保数据源的稳定性和准确率是一个不小的挑战。其中涉及时间复杂度、空间复杂度、高效率、高可用、高准确率和高稳定性等诸多知识。很多开发者学习爬虫技术时会有"很容易"的感觉，但在实际工作中却处处碰壁，每天都会遇到各种各样的技术挑战。因此，爬虫技术的学习门槛低，但技术上限非常高，工资上限也非常高。

爬虫是一门综合技术，你不仅要学习如何发出网络请求、如何解析网页文本、如何将数据保存到数据库中，还需要掌握能显著提高单体爬取效率的异步 I/O 知识、能在单位时间内获取到更多数据的分布式爬虫相关知识、保证数据源稳定性的爬虫设计、高准确率的网页正文自动化提取方法、在贴近业务需求情况下优选的有效降低时间复杂度和空间复杂度的方法，以及分布式结构下多个节点通信、文件同步等。

本书内容均来自实际的业务需求，大部分都是爬虫工程师正面临的问题。我希望通过梳理和总结以往工作中的经验，帮助更多开发者了解并掌握在实际工作中需要用到的与爬虫技术相关的知识。

本书内容

本书共 6 章，各章内容归纳如下。

第 1 章介绍了爬虫程序的构成和完整链条。首先从一个简单的爬虫程序开始，学习了爬虫工程师常用的网络请求库和文本解析库；然后学习如何将数据分别存入 MySQL 数据库、MongoDB 数据库、Redis 数据库和 Excel 文件；最后以电子工业出版社新闻资讯页爬虫为例，演示了分析、发出网络请求、解析文本和数据入库的完整流程，这为我们后面的学习打下了坚实的基础。

第 2 章介绍了自动化工具的使用。首先通过一个真实的需求案例了解爬虫工程师为什么需要自动化工具，然后介绍了 WebDriver 的相关知识，学习了爬虫工程师常用的两款自动化工具——Selenium 和 Pyppeteer 的基本使用。在 2.2 节我们学习 App 自动化工具的知识和基本使用，并动手实现了对 App 文字内容和图片内容的爬取。

第 3 章介绍了增量爬取的原理与实现。我们从一个真实的爬取需求了解到增量爬取的必要性，然后学习增量爬取的分类和不同增量类型的实现原理。要做增量爬取必然要考虑增量池的时间复杂度或空间复杂度，在 3.2 节中我们通过一个实际的需求延伸到增量池的时间复杂度和空间复杂度，并从准确的数值中找到合适的增量实现方式。由于 Redis 的高性能，很多爬虫工程师都会选择 Redis 作为 URL 增量池，这时候我们不得不考虑 Redis 数据持久化的方案，3.3 节介绍了 Redis 持久化方式的分类和特点，并动手实践了不同类型的持久化。

第 4 章介绍了分布式爬虫的设计与实现。面对海量的数据或者紧迫的时间，我们需要寻找一种稳定、高效的爬取方法，分布式爬虫无疑是我们的最佳选择。在 4.1 节中，我们通过实际的需求案例了解爬虫工程师为什么需要分布式爬虫、分布式爬虫的原理、分布式爬虫的分类和共享队列的选择等。在 4.2 节中，我们剖析了爬虫业内著名的 Scrapy-Redis 库的源码，从而了解到分布式爬虫具体的工程实现。通过第 2 章的学习，我们了解到 Redis 在分布式爬虫结构中的应用，于是在 4.3 节中我们动手实现了对等分布式爬虫和主从分布式爬虫。相对于 Redis 来说，消息中间件能够确保每一条消息都能被消费，不会产生数据丢失的情况，这使得消息中间件受到很多中高级爬虫工程师的青睐，于是在 4.4 节中我们学习并动手实践基于消息中间件应用 RabbitMQ 的分布式爬虫。

第 5 章介绍了网页正文自动化提取方法。以往我们讨论的都是针对单个网站的聚焦爬虫，每个网站的页面在解析时都需要有一套对应的解析规则，但如果你的上司要求你爬取 1000 个网站，你该怎么办呢？这时候你需要一个能够帮助你自动识别和提取网页正文的工具——Readability。在 5.1 节中，我们学习爬虫业内著名的网页正文提取工具 Readability 的基本使用，并体验到它那"令人惊叹"的正文提取效果。这时候你肯定会好奇，这种工具如何判断哪部分内容是广告，哪部分内容是正文呢？它又是如何清除那些杂乱的文本，最后将正文返回的呢？在 5.2 节中，我们通过阅读论文《基于文本及符号密度的网页正文提取方法》了解将数学和 HTML 特性结合到一起的威力——准确率高达 99%以上的网页正文提取方法。《基于文本及符号密度的网页正文提取方法》已经有了具体的代码实现，5.3 节中我们剖析了 GeneralNewsExtractor 库的源码，以深入了解《基于文本及符号密度的网页正文提取方法》具体的工程实现，从而掌握这套算法。

第 6 章介绍了 Python 项目打包部署与定时调度的相关知识。首先我们从"如何判断项目是否需要部署"开始学习，然后学习爬虫业内著名的爬虫部署平台 Scrapyd 的基本使用，接着剖析 Scrapyd 源码，以了解 Python 项目打包和解包运行的工程实现。爬虫本身的业务特性使得爬虫项目需要用到定时调度，我们在 6.5 节中学习操作系统级定时调度和编程语言级定时调度的具体实现，同时学习 Python 领域备受工程师青睐的定时任务库 APScheduler 的结构和基本使用。掌握了前面讲解的知识后，你一定迫不及待地想要自己编写一款 Python 领域通用的项目部署与调度平台，在 6.6 节中，我们将学习如何设计和编码实现一款这样的平台，平台功能包括权限控制、项目打包与部署、定时调度、异常监控和钉钉机器人通知等。6.7 节中解析了分布式调度平台 Crawlab 的核心架构，学习到分布式架构中节点通信、文件同步、任务调度和节点健康监控等知识。相信你在掌握这些知识后，技术能力和工资都将更上一层楼。

阅读建议

　　这是一本围绕着爬虫具体业务展开的书，书中提到了中高级爬虫工程师在实际工作当中常常遇到的问题和代码实践。这些知识并不具有强连贯性和依赖性，在阅读时可根据自己的需求直接阅读对应的章节，无须按章节顺序逐一阅读。动手实践很重要，千万不要依赖书本提供的代码，如果你在学习过程中能够自己动手写代码，相信你的进步一定会很快。

致谢

　　本书的顺利编写，得益于家人和朋友的帮助。首先感谢我的家人，我的爸爸妈妈、岳父岳母、夫人、妹妹和我的女儿。有了他们的支持，我才能用心写作。

　　特别感谢崔庆才（静觅）在我学习路上和写作期间给予的帮助。

　　感谢开源项目 Crawlab 作者张冶青（Marvin）为本书提供的技术支持。

　　感谢夜幕团队队友们对我的帮助，他们是我迷茫时的明灯、三岔路口的指示牌。

　　感谢匡水平在本书写作期间提供的帮助。

　　感谢开源项目 GeneralNewsExtractor 作者谢乾坤（Kingname）为本书提供的技术支持。

　　感谢在我学习过程中与我探讨技术的各位朋友，QQ 群群友和微信群群友，他们对技术的研究和原理探究的精神带动着我，使我学到不少知识。

　　感谢掘金社区为本书提供的支持。

　　感谢林瑞和编辑，他在书稿立项和写作过程中给我提供了很多建议和帮助。

　　感谢在我学习之路和写作过程中提供帮助的每一个人。

免责声明

书中所有内容仅供技术学习与研究，本书提倡读者遵守国家法律法规，切勿将本书讲解的爬虫技术用于非法用途。

相关资源

书中用到的代码片段存放在 GitHub 仓库，具体网址请在电子工业出版社博文视点官网的本书页面（http://www.broadview.com.cn/39406）下载，代码仓库与本书章节的对应关系可查阅仓库中的 README.md 文件。

我是一名爬虫工程师，同时也是 Python 开发者和 Golang 开发者。我会在微信公众号和技术博客中更新相关的技术文章，欢迎读者访问交流。当然，大家也可以添加我的微信，期待和你共同进步，一起变强！

韦世东

2020 年 3 月

读者服务

微信扫码回复：39406

- 获取博文视点学院在线课程、电子书 20 元代金券
- 获取本书配套代码资源
- 获取更多技术专家分享视频与学习资源
- 加入读者交流群，与其他读者互动

目　录

第 1 章
爬虫程序的构成和完整链条

爬虫程序与手机里安装的社交软件和娱乐软件不一样，但它们很有可能是相互关联的。你早上看到的新闻资讯有可能是爬虫程序收集整理而来的，你周一在办公室看到的股市走势数据有可能也是爬虫程序收集整理而来的。爬虫程序不单单是 if else 或者 for 这样的代码，它的核心是数据——它围绕着数据工作。

你可能听说过爬虫，但你是否清楚地知道：

- 爬虫程序由哪些组件构成？
- 爬虫程序爬取的数据被用在什么地方？
- 爬虫工程师常用的库有哪些？
- 如何编写一个爬虫程序？

本章我们将学习爬虫程序的构成和完整链条。首先从需求分析开始，然后学习一些开源库的使用方法和 HTML 节点定位语法，最后编写一个能够爬取指定网站新闻资讯的爬虫程序。

1.1 一个简单的爬虫程序

爬虫指的是按照一定规则自动抓取万维网信息的程序，它主要由网络组件和内容提取组件构成。网络组件负责发起网络请求和接收服务端的响应，内容提取组件负责从服务端响应内容中提取内容。

我们用浏览器访问网页时看到的画面如图 1-1 所示，这是电子工业出版社官网的出版社简介页面。我们可以根据需求将出版社简介标题和内容复制下来，粘贴到文本文档中保存。

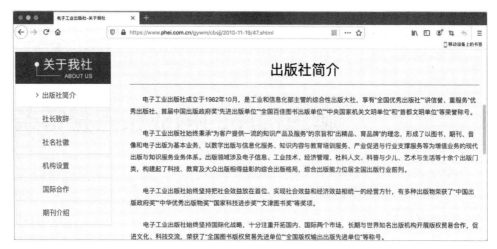

图 1-1　浏览器窗口截图

这个工作让爬虫来做怎么操作呢？

首先爬虫程序会向电子工业出版社官网的出版社简介页面发出网络请求，然后从服务器返回的响应正文中抽取出版社简介标题和内容。代码片段 1-1 是完成这项工作的爬虫程序代码。

代码片段 1-1

```
import re
import parsel
from urllib import request


url = "https://www.phei.com.cn/gywm/cbsjj/2010-11-19/47.shtml"
with request.urlopen(url) as req:
    text = req.read().decode("utf8")
    title = re.search("<h1>(.*)</h1>", text).group(1)
    sel = parsel.Selector(text)
    content = "\n".join(sel.css(".column_content_inner p
font::text").extract())
    with open("about.txt", "a") as file:
        file.write(title)
        file.write("\n")
        file.write(content)
```

程序运行后会在同级目录下生成名为 about 的文本文档，文档内容如图 1-2 所示。

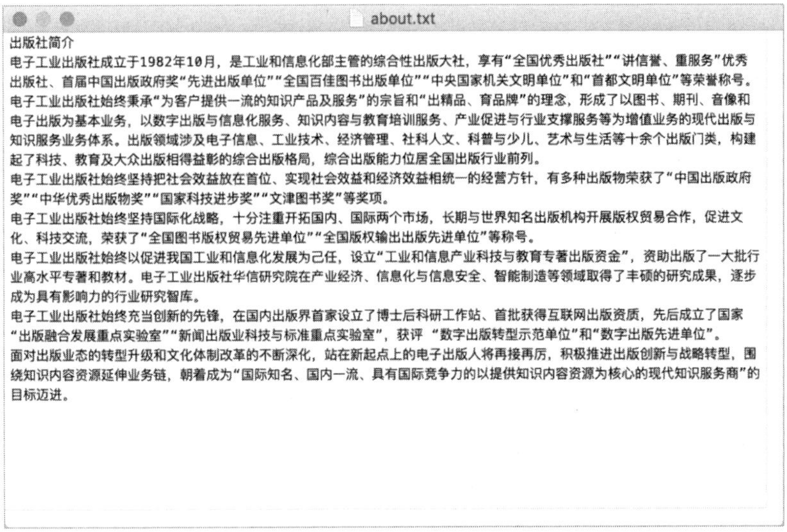
about.txt

出版社简介

电子工业出版社成立于1982年10月，是工业和信息化部主管的综合性出版大社，享有“全国优秀出版社”“讲信誉、重服务”优秀出版社、首届中国出版政府奖“先进出版单位”“全国百佳图书出版单位”“中央国家机关文明单位”和“首都文明单位”等荣誉称号。

电子工业出版社始终秉承“为客户提供一流的知识产品及服务”的宗旨和“出精品、育品牌”的理念，形成了以图书、期刊、音像和电子出版为基本业务，以数字出版与信息化服务、知识内容与教育培训服务、产业促进与行业支撑服务等为增值业务的现代出版与知识服务业务体系。出版领域涉及电子信息、工业技术、经济管理、社科人文、科普与少儿、艺术与生活等十余个出版门类，构建起了科技、教育及大众出版相得益彰的综合出版格局，综合出版能力位居全国出版行业前列。

电子工业出版社始终坚持把社会效益放在首位、实现社会效益和经济效益相统一的经营方针，有多种出版物荣获了“中国出版政府奖”“中华优秀出版物奖”“国家科技进步奖”“文津图书奖”等奖项。

电子工业出版社始终坚持国际化战略，十分注重开拓国内、国际两个市场，长期与世界知名出版机构开展版权贸易合作，促进文化、科技交流，荣获了“全国图书版权贸易先进单位”“全国版权输出出版先进单位”等称号。

电子工业出版社始终以促进我国工业和信息化发展为己任，设立“工业和信息产业科技与教育专著出版资金”，资助出版了一大批行业高水平专著和教材。电子工业出版社华信研究院在产业经济、信息化与信息安全、智能制造等领域取得了丰硕的研究成果，逐步成为具有影响力的行业研究智库。

电子工业出版社始终充当创新的先锋，在国内出版界首家设立了博士后科研工作站、首批获得互联网出版资质，先后成立了国家“出版融合发展重点实验室”“新闻出版业科技与标准重点实验室”，获评 “数字出版转型示范单位”和“数字出版先进单位”。

面对出版业态的转型升级和文化体制改革的不断深化，站在新起点上的电子出版人将再接再厉，积极推进出版创新与战略转型，围绕知识内容资源延伸业务链，朝着成为“国际知名、国内一流、具有国际竞争力的以提供知识内容资源为核心的现代知识服务商”的目标迈进。

图 1-2　文本文档内容

运行结果说明爬虫程序顺利完成了这项工作。

你可能会有新的疑问：为什么不用复制的方式，而要用爬虫程序呢?

在任务量较小的情况下，使用复制的方式和使用爬虫程序的方式并没有太大差异。但如果要将一万个网页上的内容都保存起来，那么使用爬虫程序的优势就发挥出来了。使用复制的方式完成这项工作的流程如下：

（1）打开浏览器并访问指定的网址。

（2）从网页中复制内容。

（3）打开或创建文本文档。

（4）将复制好的内容粘贴到文本文档中。

（5）保存操作并关闭文本文档。

使用爬虫程序完成这项工作的流程如下：

（1）向指定的网址发出网络请求。

（2）从响应正文中抽取内容。

（3）打开或创建文本文档，并将内容写入到文本文档中，然后自动关闭文本文档。

使用复制的方式时，这种机械性的工作次数越多人越累，但对爬虫程序来说，1 和 1000 仅仅是数字上的区别，而且爬虫程序的效率比人的效率高出几十、几百倍。

1.2　爬虫的完整链条

刚才我们体验了一下爬虫程序，看上去挺简单的?

没错！简单到寥寥几行代码就能构成一个爬虫程序。但它也有可能是复杂的，它的简单或复杂因业务需求而变化。图 1-3 描述了爬虫程序的完整链条。

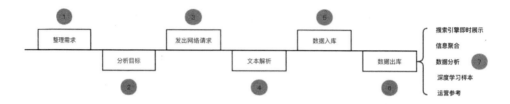

图 1-3   爬虫程序的完整链条

爬虫工程师在接到任务时，第一步是整理需求，例如：

- 爬取电子工业出版社科技图书类目下的计算机书籍信息。
- 信息包括书籍价格、封面 URL、作译者姓名、出版时间、定价、页数、开本、版次、ISBN 编号、字数、目录和内容简介等。
- 将爬取下来的书籍信息存储到技术部编号为 15 的云服务器上的 Redis 数据库中。
- 每天爬取 2 次。
- 每爬取 100 本图书的信息存储 1 次，以降低服务器压力。
- 每次爬取时发现有新书则打上标记，表明这是该轮次的新书。

整理好这些需求后便用浏览器访问电子工业出版社科技图书类目下的计算机书籍列表页，并对书籍信息的元素位置、属性值等进行分析。图 1-4 是书籍列表定位分析时的截图。

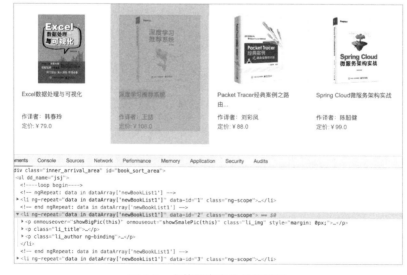

图 1-4   书籍列表定位分析截图

图 1-4 中的分析主要是想找到列表中包裹着单本书的标签和链接指向的 URL，这样在访问页面时可以通过循环的方式一本一本地访问图书详情页。图 1-5 是书籍信息定位分析时的截图。

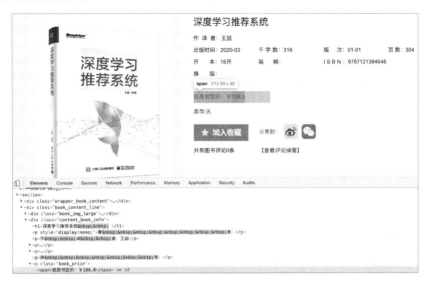

图 1-5　书籍信息定位分析截图

图 1-5 中的分析主要是想定位到图书的信息，例如包裹着图书定价的标签是 span，包裹着图书名称的标签是 h1。图 1-6 是书籍列表页翻页规则分析时的截图。

图 1-6　书籍列表页翻页规则分析截图

图 1-6 中的分析主要是想将翻页的逻辑整理出来，在真正爬取时用代码构造 URL 以模拟翻页效果，提高爬虫程序效率。分析工作完成后就可以开始编写代码了。首先

编写发出网络请求的代码，例如：

```
from urllib import request
with request.urlopen(url) as req:
        pass
```

然后调用解析库装载响应正文，对应的代码如下：

```
import parsel
text = req.read().decode("utf8")
sel = parsel.Selector(text)
```

接着根据分析时确定的元素定位信息编写内容提取代码，例如：

```
price = sel.css(".book_price span::text").extract_first()
desc = sel.css(".book_inner_content p::text").extract_first()
```

由于需要将数据存储到指定服务器的 Redis 中，所以还需要连接 Redis 数据库的代码和数据存储的代码，同时对图书信息数量进行计数，每 100 本存储 1 次。对应的代码如下：

```
import redis
import json

red = redis.Redis(host='127.0.0.1', port=6379, db=0)
pipeline = red.pipeline()
current = 0
threshold = 100

while True:
    pipeline.sadd("book", json.dumps({"name": name, "desc": desc,
"price": price}))
    current += 1
    if current == threshold:
        current = 0
        pipeline.execute()
    pipeline.execute()
```

通常情况下，把数据存储到数据库中是爬虫程序的最后任务，也是爬虫工程师工作范围的边界。不过有时候需求方（例如后端工程师团队或数据分析团队）的同事需要在数据出库时帮他们做进一步的处理，那么爬虫工程师的工作范围就会扩大。

1.3　爬取下来的数据被用在什么地方

　　爬虫爬取下来的数据根据业务的不同以不同的形态呈现。例如，爬取求职网站上的招聘信息，出库后通过前端加工生成如图 1-7 所示的日期-岗位数量柱状图、如图 1-8 所示的趋势散点图，或如图 1-9 所示的编程语言雷达图，以便广大求职者做出更合理的选择。

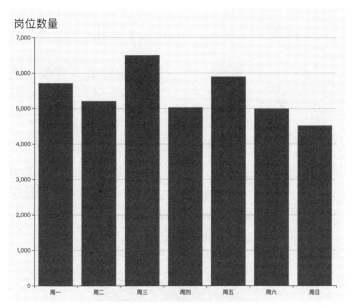

图 1-7　日期-岗位数量柱状图

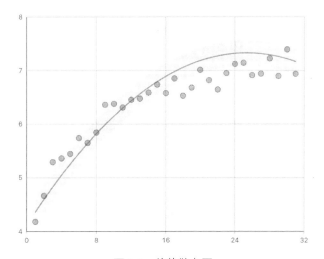

图 1-8　趋势散点图

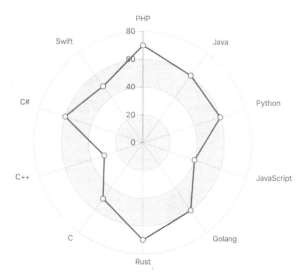

图 1-9　编程语言雷达图

　　爬取不同平台上的新闻资讯信息，在进行去重处理后可以按照重要程度进行整理、排序，或者形成按照读者喜好进行推荐的资讯聚合平台，平台界面如图 1-10 所示。

图 1-10　资讯聚合平台

爬取不同平台上的图片，根据图片内容和图片尺寸进行分类，可以形成提供下载服务的图片聚合平台，平台界面如图 1-11 所示。

图 1-11　图片聚合平台

爬取海量的文本，可用于深度学习中的语义分析训练，文字训练样本集如图 1-12 所示。

图 1-12　文字训练样本集

爬取海量的图片，可用于深度学习中的图片内容识别训练，图片训练样本集如图 1-13 所示。

图 1-13   图片训练样本集

爬取同业竞品的用户属性信息，整理后进行分类和统计，可制作出如图 1-14 所示的可视化图表，其将成为运营部门的重要参考资料。

图 1-14   用户属性信息

爬取的数据还可形成即时展示关联信息的搜索引擎，图 1-15 所示为搜索结果的截图。

图 1-15   搜索结果

从上面列举的例子中可以发现，爬虫程序与我们的生活紧密联系，有数据聚集的地方就有可能存在爬虫程序。

1.4　爬虫工程师常用的库

通过图 1-3 我们了解到，爬虫程序的完整链条包括整理需求、分析目标、发出网络请求、文本解析、数据入库和数据出库。其中与代码紧密相关的有：发出网络请求、文本解析、数据入库和数据出库，接下来我们将学习不同阶段中爬虫工程师常用的库。

我们没有必要学习具备相同功能的各种各样的库，只需要选择其中使用者较多或比较称手的即可。例如，网页文本解析库有 BeautifulSoup、Parsel 和 HTMLParser，但我们只需要学习 Parsel 就够了，这就像学习如何驾驶汽车时你不需要学习同类型车辆的驾驶方法一样。

1.4.1　网络请求库

网络请求是爬虫程序的开始，也是爬虫程序的重要组成部分之一。在代码片段 1-1 中，我们使用的是 Python 内置的 urllib 模块中 request 对象里的 urlopen()方法。其实代码片段 1-1 中的代码已经非常简洁了，但持有"人生苦短"观念的 Python 工程师认为我们需要用更简单且编码速度更快的方法，所以他们创造了 Requests 库和 Aiohttp 库，知名的爬虫框架 Scrapy 也是这么诞生的。

1.4.1-1　网络请求库 Requests

网络请求库 Requests 是 Python 系爬虫工程师用得最多的库，这个库以简单、易用和稳定而驰名。我们可以通过 Python 的包管理工具安装 Requests 库，对应命令如下：

```
$ pip install requests
```

安装完成后先来一次简单的 HTTP GET 请求体验。向电子工业出版社官网的出版社简介页面发出请求的代码如下：

```
import requests
response = requests.get("https://www.phei.com.cn/gywm/cbsjj/2010-
11-19/47.shtml")
```

网络请求发出以后，所有的响应信息都会赋值给 response 对象，例如响应状态码、响应正文、响应头等。当我们需要读取这些信息时，可以通过"."符号访问对应的对象，例如：

```
status = response.status_code        # 响应状态码
text = response.text                 # 响应正文
headers = response.headers           # 响应头
print(status, headers)
```

代码运行结果如下：

```
200 {'Date': 'Wed, 29 Jan 2020 04:32:11 GMT', 'Server': 'Apache/2.4.33
(Win64) OpenSSL/1.1.0h', 'X-Frame-Options': 'SAMEORIGIN', 'Accept-
Ranges': 'bytes', 'Keep-Alive': 'timeout=5, max=100', 'Connection':
'Keep-Alive', 'Transfer-Encoding': 'chunked', 'Content-Type': 'text/html'}
```

由于响应正文内容过长，这里只打印响应状态码和响应头。运行结果中的 200 是本次请求的响应状态码，后面的信息是本次请求的响应头。

我们可以用 Requests 库改造代码片段 1-1，将原来的 urllib.request.urlopen()换成 requests.get()。代码片段 1-2 为改动后的代码。

代码片段 1-2

```
import re
import parsel
import requests


url = "https://www.phei.com.cn/gywm/cbsjj/2010-11-19/47.shtml"
req = requests.get(url)
text = req.content.decode("utf8")
title = re.search("<h1>(.*)</h1>", text).group(1)
sel = parsel.Selector(text)
content = "\n".join(sel.css(".column_content_inner p
font::text").extract())
with open("about.txt", "a") as file:
    file.write(title)
    file.write("\n")
    file.write(content)
```

当我们需要发出 HTTP POST 请求时，只需要将 requests.get()换成 requests.post()即可，例如：

```
import requests
response = requests.post(http://www.*****.com)
```

当我们希望伪造请求头欺骗服务端的校验措施时，可以通过自定义请求头的方式达到目的。例如，将请求头中的 User-Agent 伪造成与 Chrome 浏览器相同的标识，对应的代码如下：

```
import requests
head = {"User-Agent": "Mozilla/5.0 (Macintosh; Intel Mac OS X
10_15_2) AppleWebKit/537.36 (KHTML, like Gecko) Chrome/79.0.3945.117
Safari/537.36"}
response = requests.post("http://www.*****.com", headers=head)
```

有些请求会要求客户端携带参数，试想在登录场景中，发出 HTTP POST 请求时肯定会将用户名和密码一并发送给服务端。也就是说，我们需要构造请求正文并在发出网络请求时一并提交，对应的代码如下：

```
import requests
info = {"username": "asyncins", "password": "87kb-190v-pfc9"}
response = requests.post("http://www.*****.com", data=info)
```

当网络状况不好的时候，我们常常会遇到网页无法加载的情况，在代码层面通常表现为请求发出后迟迟得不到响应。这时候我们想拥有一个超时功能，即超过 N 秒后放弃本次对服务端响应的等待，例如下面的代码：

```
import requests
info = {"username": "asyncins", "password": "87kb-190v-pfc9"}
response = requests.post("http://www.*****.com", data=info, timeout=0.8)
```

请求发出后，0.8 秒未收到响应信息则放弃等待，同时引发一个异常。

除了上面介绍的这些功能外，Requests 库还有更细致和复杂的功能，例如 Cookie 的获取和设置、保持长链接、处理重定向、与 HTTPS 相关的证书事宜、身份认证和代理等。书里不会逐个介绍这些功能的应用场景和用法，当你在需要用到的时候去翻阅 Requests 库的文档并按照文档示例编写代码即可。

1.4.1-2　异步的网络请求库 Aiohttp

自从协程这一概念被引入到 Python，并且 Python 官方正式支持 async、await 关键字后，Python 的协程就开始了蓬勃的发展。协程在 I/O 密集的应用中有着多线程和多进程难以望其项背的速度优势，这一特性也是它深受爬虫工程师喜爱的原因。

首先我们来了解什么是同步，什么是异步。从消息通信机制角度来看，同步指的是一次调用发生后，等待结果返回后才会进入下一次调用，如果不返回结果则一直处于等待状态，代码不会向下执行。代码片段 1-3 是我们平时编写的代码，第 1 行和第 2 行代码导入 time 模块和 datetime 模块下的 datetime 对象，第 3 行和第 4 行代码定义一个名为 wait 的方法，wait()方法中调用了 time 模块的 sleep()方法占用 5 秒钟，第 5～7 行代码又做了哪些事呢？

（1）打印程序开始时间。

（2）调用 wait()方法。

（3）打印程序结束时间。

代码片段 1-3

```
import time
from datetime import datetime
def wait():
    time.sleep(5)
print("开始", datetime.now().strftime("%Y-%m-%d %H:%M:%S"))
wait()
print("结束", datetime.now().strftime("%Y-%m-%d %H:%M:%S"))
```

代码运行结果如下：

```
开始 2020-01-29 14:16:30
结束 2020-01-29 14:16:35
```

图 1-16 描述了代码片段 1-3 运行时的顺序和时间关系。

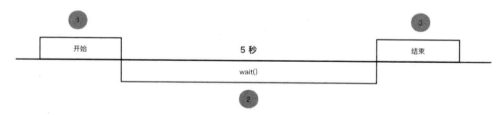

图 1-16　运行顺序和时间关系（1）

程序结束时间与程序开始时间相隔 5 秒钟，这正是调用 wait()方法时被占用的 5 秒钟。

异步指的是一次调用发生后，不会等待结果返回就会立即进入下一次调用，无论结果什么时候返回，它都会立即向下执行。代码片段 1-4 是代码片段 1-3 的异步写法。

代码片段 1-4

```
from datetime import datetime
import asyncio
```

```
async def wait():
    asyncio.sleep(5)
    print("等我 5 秒钟")


async def print_time(word):
    print(word, datetime.now().strftime("%Y-%m-%d %H:%M:%S"))


async def main():
    await print_time("开始")
    await wait()
    await print_time("结束")

loop = asyncio.get_event_loop()
loop.run_until_complete(main())
loop.close()
```

为了观察效果，在 wait()方法中增加了打印"等我 5 秒钟"的代码。代码运行结果如下：

```
开始 2020-01-29 14:39:30
等我 5 秒钟
结束 2020-01-29 14:39:30
```

wait()方法被调用且执行了，但结束时间和开始时间之间并没有真的相差 5 秒钟，相隔的时间很短（毫秒）。就算在开始和结束之间调用多次 wait()方法也一样，例如将 main()中的 wait()方法调用次数改为 5 次：

```
async def main():
    await print_time("开始")
    await wait()
    await wait()
    await wait()
    await wait()
    await wait()
    await print_time("结束")
```

保存改动后运行代码，代码运行结果如下：

```
开始 2020-01-29 14:45:01
等我 5 秒钟
```

```
等我 5 秒钟
等我 5 秒钟
等我 5 秒钟
等我 5 秒钟
结束 2020-01-29 14:45:01
```

间隔时间依旧没有差异，但 wait()方法真的执行了 5 次。异步代码运行时的顺序和时间关系如图 1-17 所示。

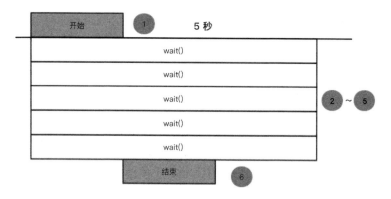

图 1-17   运行顺序和时间关系（2）

由于不需要等待结果就会立即向下执行，所以 print_time("开始")、5 次 wait()、print_time("结束")的调用时间间隔非常短（毫秒），不会出现图 1-16 中单次执行 wait() 耗时 5 秒的现象。

了解完同步和异步的差异后，我们来学习异步网络请求库的使用方法。爬虫工程师常接触到的、具备异步网络请求功能且支持 async、await 关键字的库分别是 Aiohttp、Tornado 和 HTTPX。本节我们以 Aiohttp 为例，介绍异步网络请求库的基本功能和注意事项。

Aiohttp 不仅具备完善的网络请求客户端功能，还支持网络服务端，也就是说我们可以用它打造一款 Web 应用。它既支持 HTTP 协议，又支持 WebSocket 协议，是爬虫工程师不可多得的趁手兵器。使用 Python 的包管理工具安装 Aiohttp 库的命令为：

```
$ pip install aiohttp
```

Aiohttp 官方文档给出的 HTTP 客户端示例代码如下：

```
import aiohttp
import asyncio

async def fetch(session, url):
```

```
    async with session.get(url) as response:
        return await response.text()

async def main():
    async with aiohttp.ClientSession() as session:
        html = await fetch(session, 'http://www.*****.org')
        print(html)

if __name__ == '__main__':
    loop = asyncio.get_event_loop()
    loop.run_until_complete(main())
```

这种写法与我们刚才编写的原生的 Python 异步代码语法接近，Aiohttp 还利用异步上下文管理器实现了代码简化，真是非常用心了。这里用 Aiohttp 改造代码片段 1-1，将原来的 urllib.request.urlopen()换成 async with aiohttp.ClientSession()，代码片段 1-5 为改动后的代码。

代码片段 1-5

```
import re
import aiohttp
import asyncio
import parsel


async def fetch(session, url):
    async with session.get(url) as response:
        return await response.text()


async def main():
    async with aiohttp.ClientSession() as session:
        html = await fetch(session,
'https://www.phei.com.cn/gywm/cbsjj/2010-11-19/47.shtml')
        title = re.search("<h1>(.*)</h1>", html).group(1)
        sel = parsel.Selector(html)
        content = "\n".join(sel.css(".column_content_inner p
font::text").extract())
        with open("about.txt", "a") as file:
            file.write(title)
            file.write("\n")
            file.write(content)
```

```
if __name__ == '__main__':
    loop = asyncio.get_event_loop()
    loop.run_until_complete(main())
```

这样一来，程序的运行效率就会变得比之前高。图 1-18 描述了使用 Requests 库时的代码执行顺序。

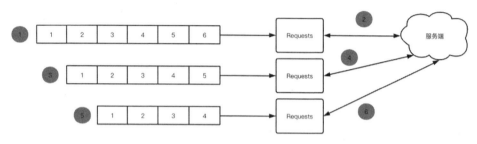

图 1-18　代码执行顺序（1）

在同步 I/O 的代码中，客户端的请求发起行为和服务端的返回响应行为交替进行。图 1-19 描述了使用 Aiohttp 库时的代码执行顺序。

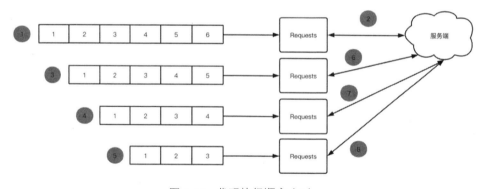

图 1-19　代码执行顺序（2）

客户端的请求发起行为和服务端的返回响应行为并非交替进行，因为异步请求不会等待服务端的响应，所以有可能出现客户端发出几次请求后服务端的响应还未返回的情况。

需要注意的是，代码片段 1-5 用到的文件读写语句 with open 是同步的 I/O 代码，异步的是网络 I/O 部分，而同步的是文件 I/O 部分。实际上这是很不好的，如果要使用异步来加快速度，那么就要避免在异步的流程中使用同步 I/O 代码。图 1-20 中从河西码头搬运箱子到河东码头的场景与异步 I/O 中掺杂同步 I/O 的情况相似。

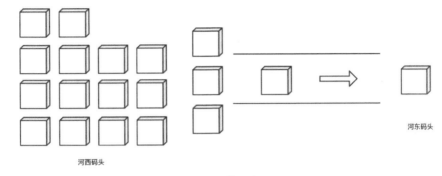

图 1-20　箱子搬运场景

假设河西码头有 4 名工人，每次可以搬运 4 个箱子，河东码头有 10 名工人，每次能接收 10 个箱子。但河西码头每次只运送 1 个箱子，等到河东码头确认收到箱子后才运送下一个箱子。这种情况下无论河西码头和河东码头有多少人手，码头的整体搬运能力都是 1。解决这种问题的方法之一是不断地将河西码头的箱子运送到河东码头，无论河东码头是否收到箱子，都不用等待河东码头的确认消息。

Aiohttp 库同样支持 Cookie 的获取和设置、处理重定向和代理等。本书不会逐个介绍这些功能的应用场景和用法，当你在需要用到的时候去翻阅 Aiohttp 库的文档并按照指引编写代码即可。

1.4.2　网页文本解析

监听到客户端发出的网络请求后，服务端会根据请求正文将资源返回给客户端，例如一份 HTML 文档或者 JSON 格式的数据。爬虫程序如何在响应正文中锁定关键内容并提取出来呢？对于较为规整的 JSON 数据，想要的内容可以通过类似 get()这样的方法直接提取，但 HTML 文档就不同了。代码片段 1-6 是一份简单的 HTML 文档。

代码片段 1-6

```html
<html>
    <body>
        <h1>新溪大桥早高峰报道：堵成一窝蜂</h1>
        <h5>是否让白沙大桥帮助每小时前进 300 米的新溪大桥分流呢</h5>
        <div>
            <div class="publish">
                <p>发布者：<span  class="publisher">今日新闻</span>|发布
时间：<span class="pubTime">2020-1-29</span></p>
            </div>
            <div class="content">
```

```
<p>新溪大桥于 2018 年 6 月正式启用通车......</p>
<p>......</p>
<p>......</p>
<p>......</p>
<p>记者：王大力、陈小七（实习）</p>
    </div>
  </div>
</body>
</html>
```

当我们用 request.get() 向指定的网址发出请求时，服务端很有可能将这样一个 HTML 文档响应给这次请求。假设我们需要从 HTML 文档中提取出文章标题、文章副标题、发布者、发布时间和文章正文，可选的解决方式有正则表达式和适用于 HTML 规则的文本解析库。

选用正则表达式的话，提取标题和副标题的写法比较简单：

```
import re
title = re.search("<h1>(.*)</h1>", html).group(1)
small_title = re.search("<h5>(.*)</h5>", html).group(1)
print(title, "\n", small_title)
```

代码运行结果为：

新溪大桥早高峰报道：堵成一窝蜂
是否让白沙大桥帮助每小时前进 300 米的新溪大桥分流呢

写法简单是因为标题和副标题的标签是唯一的，只需要将标签中的内容提取出来即可。但发布者、发布时间和文章正文包裹在 div 标签下的 p 标签和 span 标签中，这时候如果再用正则表达式去匹配就会变得很复杂，也极容易出错。面对这种情况，爬虫工程师们通常会选用专门的文本解析库，例如 BeautifulSoup 或 Parsel。这里以 Parsel 库为例，演示如何使用专门的文本解析库提取 HTML 文档中的内容。

Parsel 库支持 CSS 选择器语法，也支持 XPATH 路径查找语法，工程师可以根据自己的喜好选择语法。在开始之前，请用 Python 的包管理工具安装 Parsel 库，安装命令如下：

```
$ pip install parsel
```

代码片段 1-7 是 CSS 选择器语法对应的提取代码。

代码片段 1-7

```
import parsel


sel = parsel.Selector(html)
publisher = sel.css(".publisher::text").extract_first()
pub_time = sel.css(".pubTime::text").extract_first()
content = "\n".join(sel.css(".content p::text").extract())

print(publisher, "\n", pub_time, "\n", content)
```

代码片段 1-7 中的 html 代表的是代码片段 1-6 描述的 HTML 文本。代码运行结果为:

```
今日新闻
2020-1-29
新溪大桥于 2018 年 6 月正式启用通车……
……
……
……
记者:王大力、陈小七(实习)
```

非常精准地锁定了内容所在的位置,并将内容提取出来。代码片段 1-8 是 XPATH
语法对应的提取代码。

代码片段 1-8

```
import parsel


sel = parsel.Selector(html)
publisher = sel.xpath("//span[@class='publisher']/text()").
extract_first()
pub_time = sel.xpath("//span[@class='pubTime']/text()").
extract_first()
content = "\n".join(sel.xpath("//div[@class='content']/p/text()").
extract())

print(publisher, "\n", pub_time, "\n", content)
```

代码片段 1-8 的运行结果与代码片段 1-7 的运行结果相同,说明都能够精准定位
并提取内容。

Parsel 库的效果这么好，它是如何根据我们编写的语法定位到指定的标签和对应的内容的呢？

实际上，Parsel 库会将 HTML 文档中的标签转换为如图 1-21 所示的 DOM 节点，再根据 CSS 选择器语法或者 XPATH 语法定位指定的 DOM 节点，从而实现内容的提取。

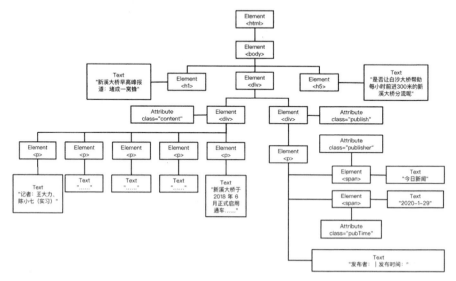

图 1-21   DOM 节点（1）

通过 CSS 选择器语法定位发布者的代码为 sel.css(".publisher::text")，程序会根据我们填写的.publisher 和::text 定位到内容为"今日新闻"的标签，图 1-22 描述了定位结果。

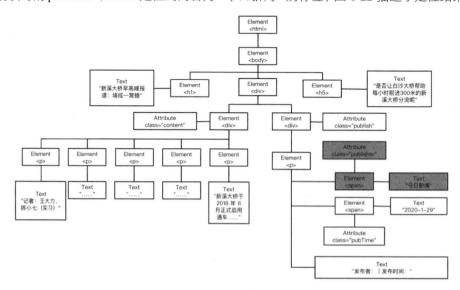

图 1-22   DOM 节点（2）

通过 XPATH 语法定位文章正文的代码为 sel.xpath("//div[@class='content']/p/text()")，程序会根据我们填写的@class='content'、p 和 text 定位到文章正文标签，图 1-23 描述了定位结果。

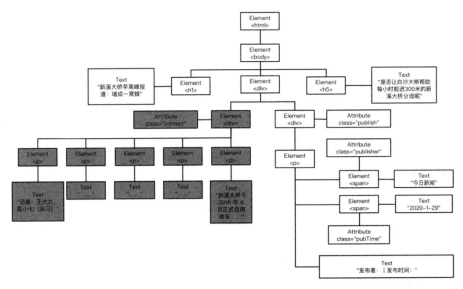

图 1-23　DOM 节点（3）

CSS 选择器语法和 XPATH 路径查找语法对 HTML 文档 DOM 节点的定位十分精准，并且两种语法都非常简单易用，我们一起来学习吧！

1.4.2-1　CSS 选择器语法

表 1-1 列出了 CSS 选择器语法及其示例描述。

表 1-1　CSS 选择器语法及其示例描述

选 择 器	示 例	示 例 描 述
.class	.intro	选择 class="intro"的所有标签
#id	#firstname	选择 id="firstname"的所有标签
*	*	选择所有标签
element	p	选择所有 p 标签
element,element	div,p	选择所有 div 标签和所有 p 标签
element element	div p	选择 div 标签内部的所有 p 标签
element>element	div>p	选择父标签为 div 标签的所有 p 标签
element+element	div+p	选择紧接在 div 标签之后的所有 p 标签
[attribute]	[target]	选择带有 target 属性的所有标签
[attribute=value]	[target=_blank]	选择 target="_blank"的所有标签

选　择　器	示　　例	示　例　描　述
[attribut~=value]	[title~=flower]	选择 title 属性包含单词"flower"的所有标签
[attribute|=value]	[lang|=en]	选择 lang 属性值以"en"开头的所有标签
:link	a:link	选择所有未被访问的链接
:visited	a:visited	选择所有已被访问的链接
:active	a:active	选择活动链接
:hover	a:hover	选择鼠标指针位于其上的链接
:focus	input:focus	选择获得焦点的 input 元素
:first-letter	p:first-letter	选择所有 p 标签的首字母
:first-line	p:first-line	选择所有 p 标签的首行
:first-child	p:first-child	选择父标签的第一个子元素的所有 p 标签
:before	p:before	在所有 p 标签的内容之前插入内容
:after	p:after	在所有 p 标签的内容之后插入内容
:lang(language)	p:lang(it)	选择带有以"it"开头的 lang 属性值的所有 p 标签
element1~element2	p~ul	选择前面有 p 标签的所有 ul 标签
[attribute^=value]	a[src^="https"]	选择其 src 属性值以"https"开头的所有 a 标签
[attribute$=value]	a[src$=".pdf"]	选择其 src 属性以".pdf"结尾的所有 a 标签
[attribute*=value]	a[src*="abc"]	选择其 src 属性中包含"abc"子串的所有 a 标签
:first-of-type	p:first-of-type	选择属于其父元素的首个 p 标签的所有 p 标签
:last-of-type	p:last-of-type	选择属于其父元素的最后一个 p 标签的所有 p 标签
:only-of-type	p:only-of-type	选择属于其父元素的唯一 p 标签的所有 p 标签
:only-child	p:only-child	选择属于其父元素的唯一子元素的所有 p 标签
:nth-child(n)	p:nth-child(2)	选择属于其父元素的第二个子元素的所有 p 标签
:nth-last-child(n)	p:nth-last-child(2)	同上，但是从最后一个子元素开始计数
:nth-of-type(n)	p:nth-of-type(2)	选择属于其父元素第二个 p 标签的所有 p 标签
:nth-last-of-type(n)	p:nth-last-of-type(2)	同上，但是从最后一个子元素开始计数
:last-child	p:last-child	选择属于其父元素最后一个子元素的所有 p 标签
:root	:root	选择文档的根标签
:empty	p:empty	选择没有子元素的所有 p 标签（包括文本节点）
:target	#news:target	选择当前活动的#news 元素
:enabled	input:enabled	选择所有启用的 input 标签
:disabled	input:disabled	选择所有禁用的 input 标签
:checked	input:checked	选择所有被选中的 input 标签
:not(selector)	:not(p)	选择非 p 标签的所有元素
::selection	::selection	选择被用户选取的元素部分

接下来我们通过两个例子加深对 CSS 选择器语法的理解。选择器语法:nth-child(n)

可以用于定位文章正文中指定的段落。已知代码片段 1-6 的文章正文中有 5 个段落，那么定位到第一个段落的选择器写法为 sel.css(".content p:nth-child(1)")。也可以用:first-child 定位第一个段落，写法为 sel.css(".content p:first-child")。

　　我们可以借助浏览器开发者工具的 Elements 面板来确认我们的推测。唤起浏览器开发者工具后切换到 Elements 面板，并按快捷键 Ctrl+F 唤起搜索框，然后在搜索框中键入.content p:nth-child(1)，此时 Elements 面板如图 1-24 所示。

图 1-24　Elements 面板（1）

在搜索框中键入.content p:first-child，此时 Elements 面板如图 1-25 所示。

图 1-25　Elements 面板（2）

再来看另外一个例子。文章发布者所在标签的 class 属性为 publisher，文章发布时间所在标签的 class 属性为 pubTime，选择器语法 [attribute^=value] 可以同时定位到这两个标签，对应写法为 sel.css("span[class^="pub"]")。在搜索框中键入 span[class^="pub"]，此时 Elements 面板如图 1-26 所示。

图 1-26　Elements 面板（3）

动手试一试，是否感觉 CSS 选择器语法挺简单的呢？

1.4.2-2　XPATH 路径查找语法

XPath 是一门在 XML 文档中查找信息的语言，但也可以应用在 HTML 文档中。XPATH 路径查找语法和 CSS 选择器语法的作用相同，但角色却完全不同。实际上，Parsel 库会将我们编写的 CSS 选择器语句转换为 XPATH 路径查找语句，也就是说，真正发挥作用的是 XPATH 语句。

表 1-2 列出了 XPATH 路径查找语法表达式及其描述。

表 1-2　XPATH 路径查找语法表达式及其描述

表　达　式	描　　述
nodename	选取此节点的所有子节点
/	从当前节点选取直接子节点
//	从当前节点选取子孙节点
.	选取当前节点
..	选取当前节点的父节点
@	选取属性

前面我们已经体验过 XPATH 路径查找语法 sel.xpath("//div[@class='content']/p/text()") 带来的便利了，下面再逐步解析语法的作用。

首先是//div，这里的//的作用是从当前节点选取子孙节点，那么//div 代表从当前节点选取 div 子孙节点。由于当前节点为根节点，所以//div 定位的是根节点下的所有 div 节点，包括层层嵌套的子孙节点，我们可以借助浏览器开发者工具的 Elements 面板来确认这个观点。唤起浏览器开发者工具后切换到 Elements 面板，并按快捷键 Ctrl+F 开启搜索栏，然后在搜索框中键入//div，此时 Elements 面板如图 1-27 所示。

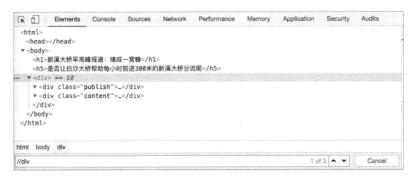

图 1-27　Elements 面板（1）

面板底部的搜索框末尾的"1 of 3"中的 1 代表当前选中的节点序号，3 代表符合搜索框规则的节点数。当前选中的节点序号是 1，Elements 面板中带有阴影的 div 标签就是当前选中的节点。我们可以通过点击搜索框末尾的上下箭头切换不同序号的节点，切换时 Elements 面板中的阴影就会出现在对应的节点上。

然后来看看第二段代码，也就是//div 后面的 [@class='content']。这里的@符号代表选取属性，@class 代表选择 class 属性，@class='content' 代表选取值为 content 的 class 属性。也就是说，//div[@class='content'] 定位的是 class 属性值为 content 的 div 节点，图 1-28 说明分析是对的。

图 1-28　Elements 面板（2）

有了前面的推导，后面跟着的 /p 就很容易理解了。/p 中的/指的是从当前节点选取直接子节点，/p 合起来代表选择当前节点的直接子节点 p。由于 class 属性值为 content 的 div 节点下有 5 个 p 节点，所以 //div[@class='content']/p 的搜索结果总数肯定也是 5。需要注意的是，text()并不是 XPATH 中的语法，而是 Parsel 库为了方便开发者提取节点内容支持的语法。

在语法方面，CSS 选择器语法比 XPATH 路径查找语法简洁许多，但 XPATH 路径查找语法支持运算符。例如取余、与、或、加、减、乘、除、大于或等于、大于、等于、小于或等于、小于和不等于。代码表现为：

```
title1 = html.xpath("//div[@class='web_news_list']/ul/li[position() =
3]")
    title1 = html.xpath("//div[@class='web_news_list']/ul/li[position() >
5]")
```

由于支持运算符，所以 XPATH 路径查找语法比 CSS 选择器语法更灵活。

1.4.2-3　借助开发者工具生成语法

对于层级较深或者没有属性的节点，写出定位语句的难度会比较大。这时候我们可以借助浏览器的开发者工具生成 CSS 选择器语法或 XPATH 路径查找语法。唤起浏览器开发者工具后切换到 Elements 面板，点击开发者工具左上角的第一个图标，然后将鼠标移动到想要定位的元素上，操作顺序如图 1-29 所示。

图 1-29　操作顺序图示

找到想要定位的元素后用鼠标左键点击一下，此时浏览器会帮助我们在 Elements 面板中定位到对应的标签。在 Elements 面板定位的标签上右击，在弹出的快捷菜单栏中选择"Copy"→"Copy XPath"命令，即可将该标签对应的 XPATH 路径复制到剪贴板。操作过程中的 Elements 面板如图 1-30 所示。

图 1-30　操作图示（1）

使用"粘贴"快捷键 Ctrl+V 便可将刚才复制的 XPATH 路径粘贴到编辑器中，路径为：

```
/html/body/section/div[1]/div/article[1]/p[4]/span[1]
```

浏览器为我们生成的路径是完整路径，所以路径比较长。这个路径肯定能定位到指定的节点，但它并不一定是最优路径。这个 span 标签的 class 属性值为 post-views，通过 1.4.2-2 节对 XPATH 路径查找语法的学习，我们很快便可写出最优的 XPATH 路径：

```
//article[1]/p[4]/span[1]
```

相比我们自己写的路径，浏览器生成的路径显得冗长，但这并不会影响定位准确性。

如果我们想让浏览器生成 CSS 选择器语法，那么按照图 1-31 的示意，在"Copy"菜单中选择"Copy selector"命令即可。

图 1-31　操作图示（2）

得到的 CSS 选择器语句为：

```
body > section > div.content-wrap > div > article:nth-child(6) >
p.text-muted.views > span.post-views
```

这跟 XPATH 路径查找语法一样冗长，实际上我们只需要 article:nth-child(6)>p.text-muted.views>span.post-views 这段语句即可。如果想要更简短一些，我们可以把 p、span 和 > 符号去掉，最终语句为：

```
article:nth-child(6) .text-muted.views .post-views
```

1.5　数据存储

顺利地发出网络请求并从响应正文中提取出想要的内容后，便要考虑如何将内容保存起来。数据的存储方式通常由需求方决定，如果需求方没有指定存储方式，则由爬虫工程师自己选择。

文字类数据通常存储在数据库中，例如 MySQL 数据库、MongoDB 数据库或者 Redis 数据库。文件存储在服务器硬盘中，再将存储路径存储到数据库里。商品类数据或者后续用于分析的数据通常会存储在 CSV 或者 xls 文件中。将数据存储在文本文件中的情况比较少，但也不能忽略。

本节我们将学习如何将文字类数据存储到数据库中，如何存储文件类数据，如何将数据存储到 xls 文件中。

1.5.1　将数据存入 MySQL 数据库

MySQL 是一款免费的关系型数据库，它免费且简单易用的特点使得它深受开发者的喜爱。Python 连接或操作 MySQL 数据库时需要使用专门的连接库，例如 PyMySQL。我们可以通过 PyMySQL 来操作 MySQL 数据库，例如创建数据库、创建数据表、写入数据、读取数据和删除数据等。

在开始学习之前，请按照 MySQL 官方文档的指引安装 MySQL 数据库。接着使用 Python 的包管理工具安装 PyMySQL 库，对应的安装命令如下：

```
$ pip install pymysql
```

假设 MySQL 中有一个名为 books 的数据库，数据库里有一张名为 ranking 的数据表，其内容如表 1-3 所示。

表 1-3　数据表 ranking 内容示意

name	status	year	price
Python3 反爬虫原理与绕过实战	HOT	2020	89.0
揭秘 PPT 真相	2020	2020	79.0
Python 核心编程从入门到开发实战	ON	2020	79.0
知识图谱：概念与技术	ON	2020	118.0
推荐系统开发实战	ON	2019	79.0
Web 安全深度剖析	OFF	2015	59.0

接下来我们将围绕这张数据表执行一系列操作，以了解 PyMySQL 的基本使用方法。首先编写连接数据库的代码：

```
import pymysql
# 请自行设置 user 和 password 的值
connect = pymysql.connect(host="localhost", user="root", password="****",
                          db="books", charset='utf8', port=3306,
                          cursorclass=pymysql.cursors.DictCursor)
```

PyMySQL 提供了 execute()方法，我们可以将数据库操作语句以字符串的方式传入，包括查询语句、更新语句和删除语句等。查询数据表 ranking 中所有数据的代码为：

```
with connect.cursor() as cursor:
    selects = """
        SELECT * FROM `ranking`
    """
    cursor.execute(selects)
```

```
result = cursor.fetchall()
print(result)
```

代码执行结果如下：

```
[{'id': 1, 'name': 'Python3 反爬虫原理与绕过实战', 'status': 'HOT',
'year': '2020', 'price': 89.0}, {'id': 2, 'name': '揭秘 PPT 真相',
'status': 'ON', 'year': '2020', 'price': 79.0}, {'id': 3, 'name':
'Python 核心编程从入门到开发实战', 'status': 'ON', 'year': '2020',
'price': 79.0}, {'id': 4, 'name': '知识图谱：概念与技术', 'status': 'ON',
'year': '2020', 'price': 118.0}, {'id': 5, 'name': '推荐系统开发实战',
'status': 'ON', 'year': '2019', 'price': 79.0}, {'id': 6, 'name': 'Web
安全深度剖析', 'status': 'OFF', 'year': '2015', 'price': 59.0}]
```

执行 fetchall()方法后返回了一个列表对象，列表中以字典形式存储着数据库中的行数据。假设我们需要逐条打印书籍信息，那么我们可以用 for 循环，对应的代码为：

```
for book in result:
        print(book)
```

代码运行结果如下：

```
{'id': 1, 'name': 'Python3 反爬虫原理与绕过实战', 'status': 'HOT',
'year': '2020', 'price': 89.0}
{'id': 2, 'name': '揭秘 PPT 真相', 'status': 'ON', 'year': '2020',
'price': 79.0}
{'id': 3, 'name': 'Python 核心编程从入门到开发实战', 'status': 'ON',
'year': '2020', 'price': 79.0}
{'id': 4, 'name': '知识图谱：概念与技术', 'status': 'ON', 'year':
'2020', 'price': 118.0}
{'id': 5, 'name': '推荐系统开发实战', 'status': 'ON', 'year': '2019',
'price': 79.0}
{'id': 6, 'name': 'Web 安全深度剖析', 'status': 'OFF', 'year':
'2015', 'price': 59.0}
```

假设我们需要更新《Python3 反爬虫原理与绕过实战》的价格，对应语句为：

```
with connect.cursor() as cursor:
    updates = """
        UPDATE `ranking` SET price="66.7" WHERE id=1
    """
    cursor.execute(updates)
    connect.commit()
```

　　这段代码执行后并不会输出或打印结果，要想查看结果我们可以再次执行上一次的查询代码和循环代码，代码运行结果如下：

```
{'id': 1, 'name': 'Python3 反爬虫原理与绕过实战', 'status': 'HOT',
'year': '2020', 'price': 66.7}
    {'id': 2, 'name': '揭秘 PPT 真相', 'status': 'ON', 'year': '2020',
'price': 79.0}
    {'id': 3, 'name': 'Python 核心编程从入门到开发实战', 'status': 'ON',
'year': '2020', 'price': 79.0}
    {'id': 4, 'name': '知识图谱：概念与技术', 'status': 'ON', 'year':
'2020', 'price': 118.0}
    {'id': 5, 'name': '推荐系统开发实战', 'status': 'ON', 'year': '2019',
'price': 79.0}
    {'id': 6, 'name': 'Web 安全深度剖析', 'status': 'OFF', 'year':
'2015', 'price': 59.0}
```

　　图书《Python3 反爬虫原理与绕过实战》的价格由 89.0 变成了 66.7，说明更新语句执行成功。假设我们从网页提取的数据存放在对象 data 中，那么将 data 逐一添加到数据库的代码为：

```
data = [
    {"book": "LaTeX 入门", "status": "ON", "year": "2019", "price":
79.0},
    {"book": "Go 语言核心编程", "status": "HOT", "year": "2018",
"price": 79.0},
    {"book": "工业 4.0 大革命", "status": "ON", "year": "2015",
"price": 49.0},
    ]


with connect.cursor() as cursor:
    for i in data:
        insert = """
            INSERT INTO `ranking` (name, status, year, price) VALUES
('{}', '{}', '{}', '{}')
        """ .format(i.get("book"), i.get("status"), i.get("year"),
i.get("price"))
        cursor.execute(insert)
    connect.commit()
```

代码运行后，数据库中的数据如下：

```
{'id': 1, 'name': 'Python3 反爬虫原理与绕过实战', 'status': 'HOT',
'year': '2020', 'price': 66.7}
    {'id': 2, 'name': '揭秘 PPT 真相', 'status': 'ON', 'year': '2020',
'price': 79.0}
    {'id': 3, 'name': 'Python 核心编程从入门到开发实战', 'status': 'ON',
'year': '2020', 'price': 79.0}
    {'id': 4, 'name': '知识图谱：概念与技术', 'status': 'ON', 'year':
'2020', 'price': 118.0}
    {'id': 5, 'name': '推荐系统开发实战', 'status': 'ON', 'year': '2019',
'price': 79.0}
    {'id': 6, 'name': 'Web 安全深度剖析', 'status': 'OFF', 'year':
'2015', 'price': 59.0}
    {'id': 7, 'name': 'LaTeX 入门', 'status': 'ON', 'year': '2019',
'price': 79.0}
    {'id': 8, 'name': 'Go 语言核心编程', 'status': 'HOT', 'year': '2018',
'price': 79.0}
    {'id': 9, 'name': '工业 4.0 大革命', 'status': 'ON', 'year': '2015',
'price': 49.0}
```

这说明数据已经存入了数据库中。以上就是使用 PyMySQL 操作 MySQL 数据库的基本方法，更多知识请翻阅 PyMySQL 官方文档。

1.5.2　将数据存入 MongoDB 数据库

MongoDB 是一款基于分布式文件存储的非关系型数据库。MongoDB 数据库不需要提前设置字段名称和对应的类型，使用时直接写入即可。同一个集合可以存储不同结构的文档，就算缺少字段也不会影响数据的写入。这两个特点正是它成为最受爬虫工程师欢迎的数据库的原因。

Python 连接或操作 MongoDB 数据库时需要使用专门的连接库，例如 PyMongo。我们可以通过 PyMongo 来操作 MongoDB 数据库，例如创建数据库、创建集合、写入文档、读取文档和删除文档等。

在开始学习之前，请按照 MongoDB 官方文档的指引安装 MongoDB 数据库。接着使用 Python 的包管理工具安装 PyMongo 库，对应的安装命令如下：

```
$ pip install pymongo
```

由于 MongoDB 不需要提前建立数据库和集合，所以我们可以在代码中指定任意名称的数据库和集合。首先编写连接数据库的代码，并指定数据库名为 books，指定集合名称为 ranking：

```
from pymongo import MongoClient
client = MongoClient('localhost', 27017)
db = client.books
ranking = db.ranking
```

假设我们从网页提取的数据存放在对象 data 中，那么将 data 添加到数据库的代码为：

```
data = [
    {"book": "LaTeX 入门", "status": "ON", "year": "2019", "price":
79.0},
    {"book": "Go 语言核心编程", "status": "HOT", "year": "2018",
"price": 79.0},
    {"book": "工业 4.0 大革命", "status": "ON", "year": "2015",
"price": 49.0},
    ]
ranking.insert_many(data)
```

从 MongoDB 中查询数据也很简单，代码如下：

```
result = ranking.find({})
for r in result:
    print(r)
```

代码运行结果如下：

```
{'_id': ObjectId('5e3766f25f3ec50956b53069'), 'book': 'LaTeX 入门',
'status': 'ON', 'year': '2019', 'price': 79.0}
{'_id': ObjectId('5e3766f25f3ec50956b5306a'), 'book': 'Go 语言核心
编程', 'status': 'HOT', 'year': '2018', 'price': 79.0}
{'_id': ObjectId('5e3766f25f3ec50956b5306b'), 'book': '工业 4.0 大
革命', 'status': 'ON', 'year': '2015', 'price': 49.0}
```

这里的_id 是 MongoDB 自动为文档生成的唯一 ID。当我们想要从数据库中查询指定的数据时，可以指定_id 或者指定查询条件，例如查询价格大于 50.0 的书籍信息：

```
result = ranking.find({"price": {"$gt": 50.0}})
for r in result:
    print(r)
```

代码运行结果如下：

```
  {'_id': ObjectId('5e3766f25f3ec50956b53069'), 'book': 'LaTeX 入门',
'status': 'ON', 'year': '2019', 'price': 79.0}
  {'_id': ObjectId('5e3766f25f3ec50956b5306a'), 'book': 'Go 语言核心
编程', 'status': 'HOT', 'year': '2018', 'price': 79.0}
```

假设我们需要将图书《Go 语言核心编程》的状态改为 ON，则对应的代码如下：

```
  ranking.update({"book": "Go  语言核心编程"}, {"$set": {"status":
"ON"}})
  result = ranking.find_one({"book": "Go 语言核心编程"})
  print(result)
```

代码运行结果如下：

```
  {'_id': ObjectId('5e3766f25f3ec50956b5306a'), 'book': 'Go 语言核心
编程', 'status': 'ON', 'year': '2018', 'price': 79.0}
```

运行结果说明我们已经成功地修改了图书《Go 语言核心编程》的状态。熟悉 MongoDB 的读者会发现，PyMongo 的语法与 MongoDB 原生语法十分接近，包括条件筛选、联合查询和删除操作。这样的设计减少了使用者的学习成本，这也是 PyMongo 库深受爬虫工程师欢迎的原因之一。

以上就是 PyMongo 操作 MongoDB 数据库的基本方法，更多知识请翻阅 PyMongo 官方文档。

1.5.3　将数据存入 Redis 数据库

Redis 是目前流行的且性能极高的 Key-Value 数据库，爬虫工程师在设计分布式爬虫架构时通常会将 Redis 考虑到其中。与 MySQL 和 MongoDB 数据库相同的是，Python 连接或操作 Redis 数据库时也需要使用专门的连接库，例如 redis 库。我们可以通过 redis 库来操作 Redis 数据库，例如创建集合、写入数据、读取数据和删除数据等。

在开始学习之前，请按照 Redis 官方文档的指引安装 Redis 数据库。接着使用 Python 的包管理工具安装 redis 库，对应的安装命令如下：

```
  $ pip install redis
```

首先编写连接数据库的代码：

```
import redis

red = redis.Redis(host='127.0.0.1', port=6379, db=0)
```

假设我们需要在 Redis 数据库中新建一个名为 ranking 的集合，并将爬虫爬取到的书籍信息写入到 ranking 中，对应的代码如下：

```
import json
data = [
    {"book": "LaTeX 入门", "status": "ON", "year": "2019", "price":
79.0},
    {"book": "Go 语言核心编程", "status": "HOT", "year": "2018",
"price": 79.0},
    {"book": "工业 4.0 大革命", "status": "ON", "year": "2015",
"price": 49.0},
    ]

for i in data:
    red.sadd("ranking", json.dumps(i))
```

查询 Redis 数据库中 ranking 集合数据的代码为：

```
result = red.smembers("ranking")
for res in result:
    print(json.loads(res))
```

代码运行结果如下：

```
{'book': 'Go 语言核心编程', 'status': 'HOT', 'year': '2018', 'price':
79.0}
{'book': '工业 4.0 大革命', 'status': 'ON', 'year': '2015', 'price':
49.0}
{'book': 'LaTeX 入门', 'status': 'ON', 'year': '2019', 'price':
79.0}
```

假设我们需要查询集合中存储了多少条数据，可以用 SCARD 命令，对应的代码如下：

```
number = red.scard("ranking")
print(number)
```

输出结果为 3。

在实际的爬虫程序编写过程中，我们很有可能遇到这样的一种需求：数据条数满100 条时存储 1 次，以达到降低数据库 I/O 消耗的目的。这种需求我们可以借助 redis库提供的 pipeline()方法实现，对应的代码为：

```
pipeline = red.pipeline()
current = 0
threshold = 100  # 阈值
for i in range(1008):
    current += 1
    pipeline.sadd("ranking", "http://www.*****.com?ab={}".format(str(i)))
    if current == threshold:
        # 当 current 的值达到阈值时调用 execute()方法，然后重置 current
        pipeline.execute()
        current = 0
# 余数不满足阈值条件时执行，确保数据全部提交
pipeline.execute()
```

待写入数据总数为 1008 条，每 100 条写入 1 次。考虑到剩下的 8 不满足 100 条的条件，遂在 for 循环外再调用一次 execute()方法。代码运行后，Redis 数据库中 ranking集合的数据条数如下：

```
> SCARD ranking
(integer) 1011
```

之前有 3 条数据，加上这次写入的 1008 条，共 1011 条，说明数据已经成功写入Redis 数据库中。

跟 PyMongo 语法和 MongoDB 语法的关系一样，redis 库的语法与 Redis 数据库原生语法也十分接近，只要了解 Redis 数据库的语法，一定能够快速掌握 redis 库的基本用法。

以上就是使用 redis 库操作 Redis 数据库的基本方法，更多知识请翻阅 redis 库的官方文档。

1.5.4　Excel 文件的读写

Python 对文件的读写有着原生的支持，我们只需要调用内置的 open()函数或者使用上下文管理器 with open()的方式创建一个文件并将内容写入即可。我们可以将 str 格式的文字写入到文本文件中，也可以将图片的 bytes 数据以 wb 模式写入到文件中，并用.png 或.jpg 等作为文件后缀。图片爬取和存储的代码片段如下：

```
import requests

resp = requests.get
("https://www.phei.com.cn/templates/images/img_logo.jpg")
content = resp.content
with open("logo.jpg", "wb") as file:
    file.write(content)
```

代码逻辑很简单，导入 Requests 库后调用 get()方法向电子工业出版社官网 LOGO 图片的网址发出请求，然后提取 bytes 格式的响应信息，接着创建一个名为 logo、后缀为.jpg 的文件，并将 bytes 格式的响应信息写入文件。代码运行后，logo.jpg 文件就会生成，图片如图 1-32 所示。

图 1-32　logo.jpg

如果想要将数据按照一定格式存入 Excel 文档对应的 xls 文件中，可就没那么简单了。Python 官方并不支持特定的文件格式，我们需要借助其他开发者编写的库向 Excel 文档写入数据或者从 Excel 文档中读取数据。Python 开发者用得最多的 Excel 库分别是 xlwt 和 xlrd，其中 xlwt 用于向 Excel 文档写入数据，xlrd 用于从 Excel 文档读取数据。我们可以使用 Python 的包管理工具安装这两个库，对应的安装命令如下：

```
$ pip install xlwt
$ pip install xlrd
```

根据 xlwt 库的文档示例，我们可以很快地写出创建 Excel 文档、向文档指定的行和指定的列写入数据的代码。例如，创建一个名为 abs.xls 的文件，并在第 1 个 Sheet 的第 1 行第 1 列写入 "你好"，对应的代码为：

```
import xlwt

xls = xlwt.Workbook()               # 初始化 Workbook 对象
sheet = xls.add_sheet("info")       # 创建一个 sheet
sheet.write(0, 0, "你好")           # 向第 1 行第 1 列的单元格写入文字
xls.save("abs.xls")                 # 将文件命名为 abs.xls
```

代码运行后，我们就会在目录中找到程序创建的 abs.xls 文件，打开后可以看到我们成功地将 "你好" 写入到指定的位置。接下来我们将在这个基础上增加一些难度，例如将一个列表中的数据存入 Excel 文档：

```python
import xlwt

xls = xlwt.Workbook()
sheet = xls.add_sheet("sheet1")

info = [
    {"name": "小陈", "job": "教师", "age": 28},
    {"name": "小李", "job": "司机", "age": 25},
    {"name": "小张", "job": "医生", "age": 33},
    {"name": "小郑", "job": "警察", "age": 27}
]

for key, val in enumerate(info):
    sheet.write(key, 0, val.get("name"))
    sheet.write(key, 1, val.get("job"))
    sheet.write(key, 2, val.get("age"))

xls.save("simple.xls")
```

这里用了 for 循环将列表中的数据一条一条地写入 Excel 文档的指定位置。代码运行后我们将在名为 simple 的 Excel 文件中看到如表 1-4 所示的信息。

表 1-4 Excel 文件内容

小陈	教师	28
小李	司机	25
小张	医生	33
小郑	警察	27

在第三方库的帮助下，Excel 文档的写入工作变得很轻松，相信读取工作也一样轻松。假设我们需要从 simple.xls 文件中读取刚才写入的数据，对应的代码为：

```python
import xlrd

xls = xlrd.open_workbook("simple.xls")
sheet = xls.sheet_by_name("info")
nrows = sheet.nrows
ncols = sheet.ncols

for r in range(nrows):
    for c in range(ncols):
        print(sheet.cell(r, c).value)
```

代码运行结果如下：

```
小陈
教师
28
小李
司机
25
小张
医生
33
小郑
警察
27
```

虽然成功地输出了 Excel 文件中的信息，但是似乎没有结构和顺序，我们试试看能不能将它们恢复成原来的结构。首先我们需要准备一个名为 info 的空列表，用于存放所有数据，然后再准备一个空的字典用于存放每一行不同列的数据，接着通过 for 循环行和 for 循环列将单元格中的数据取出来，并按照循环时的顺序将数据添加到字典中。我们只需要改动 for 循环部分的代码即可，对应改动如下：

```
info = []
for r in range(nrows):
    middle = {}
    for c, key in zip(range(ncols), ["name", "job", "age"]):
        x = sheet.cell(r, c).value
        middle[key] = x
    info.append(middle)
print(info)
```

代码运行结果如下：

```
[{'name': '小陈', 'job': '教师', 'age': 28},
{'name': '小李', 'job': '司机', 'age': 25},
{'name': '小张', 'job': '医生', 'age': 33},
{'name': '小郑', 'job': '警察', 'age': 27}]
```

运行结果说明我们成功地将 Excel 文档中的数据还原为存储前的格式。

以上就是使用 xlwt 和 xlrd 库读写 Excel 文档的基本方法，更多知识请翻阅对应的文档。

1.6　小试牛刀——出版社新闻资讯爬虫

前面学习了网络请求库、文本解析库和数据存储库的使用方法，本节我们将动手爬取网页上的新闻资讯，以将学习到的知识付诸实践。我们的任务是爬取电子工业出版社官网新闻资讯栏目中的新闻资讯信息，包括新闻标题、新闻概述、封面图和发布时间。新闻资讯栏目界面如图 1-33 所示。

图 1-33　新闻资讯栏目界面

确定需求后，我们便进入分析流程。每页有 8 条资讯，所有的资讯分布在 46 页中，这意味着爬虫程序必须像翻页一样依次访问资讯页。每页的资讯布局和对应的 Elements 面板如图 1-34 所示。

图 1-34　资讯布局和对应的 Elements 面板

每条新闻资讯的信息包裹在 li 标签中，发布时间由 span 标签包裹，资讯标题由 class 属性为 li_news_title 的 p 标签包裹，资讯概述由 class 属性为 li_news_summary 的 p 标签包裹，封面图由 img 标签包裹。手动点击页码切换按钮，观察到不同页面的 URL 存在一定规律，页码数为 1～5 的 URL 如下：

```
https://www.phei.com.cn/xwxx/index.shtml
https://www.phei.com.cn/xwxx/index_45.shtml
https://www.phei.com.cn/xwxx/index_44.shtml
https://www.phei.com.cn/xwxx/index_43.shtml
https://www.phei.com.cn/xwxx/index_42.shtml
```

除了第 1 页之外，其他页码数与 URL 中 index 后面跟着的数字的趋势相反，页码数递增则 URL 后缀数字递减。完成分析之后，我们便可以开始编写爬虫程序了。首先搞定单个页面的数据爬取工作，对应的代码如下：

```
import requests
import parsel
url = "https://www.phei.com.cn/xwxx/index.shtml"
resp = requests.get(url)
sel = parsel.Selector(resp.content.decode("utf8"))
li = sel.css(".web_news_list ul li.li_b60")
for news in li:
    title = news.css("p.li_news_title::text").extract_first()
    pub_time = news.css("span::text").extract_first()
    desc = news.css("p.li_news_summary::text").extract_first()
    image = news.css("div.li_news_line
img::attr('src')").extract_first()
    print(title, pub_time, image)
```

代码的第 4 行使用 Requests 库向资讯页的第 1 页发出网络请求，Requests 库的使用方法我们在 1.4.1-1 节中学习过。代码的第 5 行将响应正文传递给 Parsel 库，我们在 1.4.2 节使用过 Parsel 库。代码的第 6、8、9、10、11 行利用我们在 1.4.2-1 节学习的 CSS 选择器语法配合 Parsel 库从响应正文中提取想要的数据。最后的 print() 方法将提取到的资讯标题、发布时间和封面图 URL 打印出来，代码运行结果如下：

```
张峰出席中国工信出版传媒集团 2020 年工作会议 2020-01-15/uploadfiles/xwzx
/1579051426813.jpg
《跟世界冠军学体育（漫画版）》丛书——百位世界冠军与亿万孩子之间的... 2019-12-19
/uploadfiles/xwzx/1576723309856.jpg
"悦"系列知识服务产品入围国家新闻出版署数字出版精品遴选推荐计划名... 2019-12-13
```

```
/uploadfiles/xwzx/1576222506575.jpg
    关于征集全国小学科学优秀教学设计案例的通知 2019-12-05/uploadfiles/xwzx
/1575524449821.png
    总结成功经验 提供借鉴参考《中国科研信息化蓝皮书》英文版发布  2019-12-04
/uploadfiles/xwzx/1575539270156.jpg
    弘扬宪法精神 2019-12-04 /uploadfiles/xwzx/1575443425761.jpg
    华信研究院参与承担的国家智能制造专项通过验收 2019-11-19/uploadfiles/xwzx
/1574154595218.jpg
```

从打印结果中发现两个问题：

（1）有些资讯没有封面图。

（2）封面图 URL 不完整。

没有封面图的资讯，我们可以设定一个默认值来进行字段占位；有封面图的资讯，URL 可以借助 Python 内置的 urljoin()方法解决，对应的代码如下：

```
from urllib.parse import urljoin
full_image = urljoin(url, image)
```

这样就能够得到完整的封面图 URL。从单个页面中获取资讯信息的问题解决了，接着解决翻页爬取的问题。翻页爬取在爬虫工作中是非常普遍和常见的需求，翻页的样式、翻页的规则和触发条件有很多种不同的搭配，没有特殊技巧，见招拆招即可。这里的翻页规则刚才分析过了，页码数增加则 URL 中的后缀数字就降低，爬取时只需要知道最后一页的页码数或者资讯总数即可。从网站上可以看到最后一页的页码数为 46，那么第 2 页的 URL 后缀数字肯定是 45，通过 for 循环构造 URL 并循环爬取即可，代码逻辑如下：

（1）循环构造除第 1 页外的所有资讯页 URL。

（2）将资讯页第 1 页的 URL 添加到 URL 队列中。

（3）循环 URL 队列，并在循环过程中爬取数据。

对应的 Python 代码如下（其中...表示省略部分内容）：

```
urls = ["https://www.phei.com.cn/xwxx/index_{}.shtml".format(i)
for i in range(45)]
    urls.append("https://www.phei.com.cn/xwxx/index.shtml")

    for url in urls:
        resp = requests.get(url)
        sel = parsel.Selector(resp.content.decode("utf8"))
        li = sel.css(".web_news_list ul li.li_b60")
        for news in li:
```

```
        title = ...
        ... ...
```

我们在 1.5 节中学过如何将数据存入数据库,现在我们将按照 1.5.2 节介绍的方法
将资讯信息存储到 MongoDB 数据库中。导入 PyMongo 库并建立连接的代码如下:

```
from pymongo import MongoClient

client = MongoClient('localhost', 27017)
db = client.books
collection = db.news
```

接着在获取到 title、desc、pub_time 和 full_image 后将它们存入 MongoDB 即可。
代码片段 1-9 为本次爬取电子工业出版社新闻资讯的完整代码。

代码片段 1-9

```
import requests
import parsel
from urllib.parse import urljoin
from pymongo import MongoClient

# 连接数据库并指定数据库和集合
client = MongoClient('localhost', 27017)
db = client.news
collection = db.phei


urls = ["https://www.phei.com.cn/xwxx/index_{}.shtml".format(i)
for i in range(45)]
    urls.append("https://www.phei.com.cn/xwxx/index.shtml")

for url in urls:
    # 翻页爬取
    resp = requests.get(url)
    sel = parsel.Selector(resp.content.decode("utf8"))
    li = sel.css(".web_news_list ul li.li_b60")
    for news in li:
        # 从单页中提取资讯信息
        title = news.css("p.li_news_title::text").extract_first()
        pub_time = news.css("span::text").extract_first()
        desc = news.css("p.li_news_summary::text").extract_first()
        image = news.css("div.li_news_line
```

```
img::attr('src')").extract_first()
        full_image = urljoin(url, image)  # 完整图片链接
        # 将数据存入 MongoDB 数据库中
        collection.insert_one({"title": title, "pubTime": pub_time,
                        "image": full_image, "desc": desc})
```

用可视化软件 Robo3T 连接 MongoDB 数据库并打开对应的集合，集合中的文档信息如图 1-35 所示。

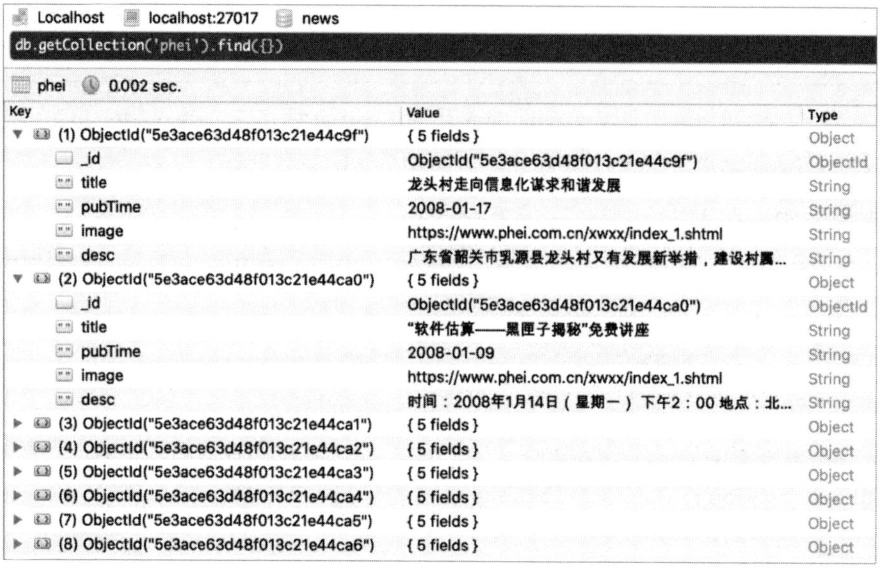

图 1-35　MongoDB 中存储的文档信息

可以看到资讯信息全部存储到 MongoDB 数据库中了，这说明爬虫程序运行正常、数据完整，爬取电子工业出版社新闻资讯的任务完成。

实践题

（1）爬取电子工业出版社新闻资讯栏目中每条新闻资讯的标题和文章正文，并存储到 MongoDB 数据库中。

（2）将 1.6 节中使用的 Requests 库改成 Aiohttp，将用到的 CSS 选择器语法改为 XPATH 路径查找语法。

（3）你已经学会了基于 HTTP 协议的 Requests 库的基本使用方法，何不去找一个支持 WebSocket 协议的库试试？

本章小结

在 1.1 节中我们体验了爬虫程序，并在 1.2、1.3 节中了解到爬虫的完整链条和数据应用场景。在 1.4、1.5 节中我们讨论了爬虫工程师常用的库，并学习了这些库的基本用法。在 1.6 节中，我们运用前面学到的知识完成了新闻资讯的爬取和存储。

经过第 1 章的学习和实践，你已经会编写爬虫程序了，实践过程中还学会了如何分析爬取目标，这值得高兴！

但是，实际的爬虫工作不会一帆风顺，你总会遇到各种各样的问题。例如，爬虫程序从页面中提取的数据和浏览器显示的不一样；爬虫项目的部署和调度；多台计算机协同工作；批量处理不同来源的文章，等等。这些内容都会在后面的章节中介绍到，现在你要做的就是动手完成实践题，巩固本章所学的知识。

第 2 章
自动化工具的使用

自动化工具指的是能够自动将代码和数据转换为按序排版的视图工具，例如浏览器。自动化工具有可能陪伴我们整个爬虫工程师生涯，因此我们需要了解它们的应用场景并掌握基本使用方法。

2.1　网页渲染工具

在爬虫领域中，网页可以分为主体内容全部出现在 HTML 中的静态网页和主体内容需要通过执行 JavaScript 才能显示的动态网页。这里的"主体内容"是相对的，它可以是商品价格、文章正文、图片链接或者新闻标题，即爬虫程序的目标内容。图 2-1 所示为电子工业出版社网上书店页面中新书推荐栏目的截图。

图 2-1　新书推荐栏目

假设爬虫程序要爬取图书封面地址、图书名称、作译者、价格等信息，那么这些内容就是"主体内容"。以《大型互联网企业安全架构》这本书为例，我们在网页中看到它的定价是¥79.0。打开浏览器开发者工具，在 Elements 面板中，对应的内容如下：

```
    <li ng-repeat="data in dataArray['newBookList1']" data-id="2"
class="ng-scope">
```

```
       <p onmouseover="showBigPic(this)" onmouseout="showSmalePic(this)"
class="li_img" style="margin: 0px;">
           <a target="_blank" href="/module/goods/wssd_content.jsp?bookid=55268"
title=""><img src="http://218.249.32.138/covers/9787121374753.jpg"></a>
       </p>
       <p class="li_title">
        <a target="_blank" href="/module/goods/wssd_content.jsp?bookid=55268"
title="" class="ng-binding">大型互联网企业安全架构</a>
       </p>
       <p class="li_author ng-binding">
        作译者：石祖文<br><i class="ng-binding">定价：¥79.0</i>
       </p>
   </li>
```

HTML 代码中书的定价也是¥79.0。再来看看网页源代码中的价格，对应内容如下：

```
   <li ng-repeat="data in dataArray['newBookList1']" data-
id="{{$index+1}}">
       <p onmouseover="showBigPic(this)" onmouseout="showSmalePic(this)"
class="li_img">
           <a target="_blank"
href="/module/goods/wssd_content.jsp?bookid={{data.goodId}}"
title=""><img src="{{data.goodImage | imgFilter}}" /></a>
       </p>
       <p class="li_title">
           <a target="_blank"
href="/module/goods/wssd_content.jsp?bookid={{data.goodId}}"
title="">{{data.goodName}}</a>
       </p>
       <p class="li_author">
        作译者：{{data.goodTranslator}}<br/><i>定价：¥{{data.goodPrice}}</i>
       </p>
   </li>
```

这里的定价不是¥79.0 了，而是¥{{data.goodPrice}}，图书名称、作译者、图书封面地址等信息都采用了这种表现方式。这里的双花括号是 Web 网站开发中常用模板填充的语法，也就是说书籍的主体内容是在浏览器中进行填充的。

如果用程序访问，得到的结果会是什么样的？

这里使用 Requests 库向电子工业出版社网上书店的网页发出请求，代码如下：

```
import requests
```

```
resp = requests.get("https://www.phei.com.cn/module/goods/wssd_index.jsp")
print(resp.text)
```

代码执行后，返回的结果与网页源代码中的内容一模一样，也就是说用程序直接请求得到的是双花括号，而不是想要的信息。

这种情况下要想看到直观的信息，通常有两种办法：

- 分析网络请求，找到主体数据的来源，用 Python 代码构造相同的网址和请求正文，并向目标网址发出请求。
- 让渲染工具去做浏览器的工作，我们坐享其成，从渲染好的页面中提取书籍信息。

第 1 种方法，我们有可能需要跟进 JavaScript 代码以找到被加密的请求正文。在这个过程中有可能会遇到混淆后的 JavaScript 代码，你看到的代码有可能如图 2-2 所示。

```
var _0x44eb=
["\x69\x73\x4E\x65\x67","\x63\x65\x69\x6C","\x64\x69\x67\x69\x74\x73","\x6C\x65\x6E\x67\x74\x68","\x66\
x6C\x6F\x6F\x72"];function z(_0x8730x2,_0x8730x3){var
_0x8730x4,_0x8730x5,_0x8730x6=0;_0x8730x7=O(_0x8730x3),_0x8730x8=_0x8730x3[_0x44eb[0]];if(_0
x8730x6< _0x8730x7){return _0x8730x2[_0x44eb[0]]?((_0x8730x4= v(c))[_0x44eb[0]]=
!_0x8730x3[_0x44eb[0]],_0x8730x2[_0x44eb[0]]= !1,_0x8730x3[_0x44eb[0]]= !1,_0x8730x5=
D(_0x8730x3,_0x8730x2),_0x8730x2[_0x44eb[0]]= !0,_0x8730x3[_0x44eb[0]]= _0x8730x8):(_0x8730x4= new
h,_0x8730x5= v(_0x8730x2)), new Array(_0x8730x4,_0x8730x5)};_0x8730x4= new h,_0x8730x5=
_0x8730x2;for(var _0x8730x9=Math[_0x44eb[1]](_0x8730x7/ d)- 1,_0x8730xa=0;_0x8730x3[_0x44eb[2]]
[_0x8730x9]< f;){_0x8730x3= F(_0x8730x3,1),++_0x8730xa,++_0x8730x7,_0x8730x9= Math[_0x44eb[1]]
(_0x8730x7/ d)- 1;_0x8730x5= F(_0x8730xa,_0x8730x3);for(var
_0x8730xb=Math[_0x44eb[1]](_0x8730x6/ d)- 1,_0x8730xc=U(_0x8730x3,_0x8730xb- _0x8730x9);-1!=
W(_0x8730x5,_0x8730xc);){++_0x8730x4[_0x44eb[2]][_0x8730xb- _0x8730x9],_0x8730x5=
D(_0x8730x5,_0x8730xc);for(var _0x8730xd= _0x8730xb,_0x8730xd> _0x8730x9;--_0x8730xd){var
_0x8730xe=_0x8730xd>= _0x8730x5[_0x44eb[2]][_0x44eb[3]]?0:_0x8730x5[_0x44eb[2]]
[_0x8730xd],_0x8730xf=_0x8730xd- 1>= _0x8730x5[_0x44eb[2]][_0x44eb[3]]?0:_0x8730x5[_0x44eb[2]]
[_0x8730xd- 1],_0x8730x10=_0x8730xd- 2>= _0x8730x5[_0x44eb[2]][_0x44eb[3]]?0:_0x8730x5[_0x44eb[2]]
[_0x8730xd- 2],_0x8730x11=_0x8730x9>= _0x8730x5[_0x44eb[2]][_0x44eb[3]]?0:_0x8730x5[_0x44eb[2]]
[_0x8730x9],_0x8730x12=_0x8730x9- 1>= _0x8730x3[_0x44eb[2]][_0x44eb[3]]?0:_0x8730x3[_0x44eb[2]]
[_0x8730x9- 1];_0x8730x4[_0x44eb[2]][_0x8730xd- _0x8730x9- 1]= _0x8730xe== _0x8730x11?
_:Math[_0x44eb[4]]((_0x8730xe* g+ _0x8730xf)/ _0x8730x11);for(var _0x8730x13=_0x8730x4[_0x44eb[2]]
[_0x8730x9- 1]* (_0x8730x11* g+ _0x8730x12),_0x8730x14=_0x8730xe* p+ (_0x8730xf* g+
_0x8730x10);_0x8730x13> _0x8730x14;){--_0x8730x4[_0x44eb[2]][_0x8730xd- _0x8730x9- 1],_0x8730x13=
_0x8730x4[_0x44eb[2]][_0x8730xd- _0x8730x9- 1]* (_0x8730x11* g| _0x8730x12),_0x8730x14= _0x8730xe* g*
g+ (_0x8730xf* g+ _0x8730x10)};(_0x8730x5= D(_0x8730x5,T(_0x8730xc= U(_0x8730x3,_0x8730xd- _0x8730x9-
1),_0x8730x4[_0x44eb[2]][_0x8730xd- _0x8730x9- 1])))[_0x44eb[0]]&& (_0x8730x5= N(_0x8730x5,_0x8730xc),-
-_0x8730x4[_0x44eb[2]][_0x8730xd- _0x8730x9- 1])};return _0x8730x5=
Q(_0x8730x5,_0x8730xa),_0x8730x4[_0x44eb[0]]= _0x8730x2[_0x44eb[0]]!= _0x8730x8,_0x8730x2[_0x44eb[0]]&&
(_0x8730x4= _0x8730x8?N(_0x8730x4,c):D(_0x8730x4,c),_0x8730x5= D(_0x8730x3=
Q(_0x8730x3,_0x8730xa),_0x8730x5)),0== _0x8730x5[_0x44eb[2]][0]&& 0== R(_0x8730x5)&&
(_0x8730x5[_0x44eb[0]]= !1), new Array(_0x8730x4,_0x8730x5)}
```

图 2-2 样式代码（1）

或者如图 2-3 所示。

```
var _0xec6e=["\x69\x73\x4E\x65\x67","\x6C\x65\x6E\x67\x74\x68","\x64\x69\x67\x69\x74\x73"];function
D(_0xc614x2,_0xc614x3){var _0xc614x4;if(_0xc614x2[_0xec6e[0]]!= _0xc614x3[_0xec6e[0]])
{_0xc614x3[_0xec6e[0]]= !_0xc614x3[_0xec6e[0]],_0xc614x4=
N(_0xc614x2,_0xc614x3),_0xc614x4[_0xec6e[0]]= !_0xc614x3[_0xec6e[0]]]else {var
_0xc614x5,_0xc614x6;_0xc614x4= new h,_0xc614x6= 0;for(var _0xc614x7=0;_0xc614x7< _0xc614x2[_0xec6e[2]]
[_0xec6e[1]];++_0xc614x7){_0xc614x5= _0xc614x2[_0xec6e[2]][_0xc614x7]- _0xc614x3[_0xec6e[2]]
[_0xc614x7]+ _0xc614x6,_0xc614x6= _0xc614x5< 0,_0xc614x5[_0xec6e[2]][_0xc614x7]= 65535& _0xc614x5,_0xc614x4[_0xec6e[2]]
[_0xc614x7]< 0&& (_0xc614x4[_0xec6e[2]][_0xc614x7]+= g),_0xc614x6= 0- Number(_0xc614x5< 0)};if(-1==
_0xc614x6){for(_0xc614x6= 0,_0xc614x7= 0;_0xc614x7< _0xc614x2[_0xec6e[2]][_0xec6e[1]];++_0xc614x7)
{_0xc614x5= 0- _0xc614x2[_0xec6e[2]][_0xc614x7]+ _0xc614x6,_0xc614x6= 65535&
_0xc614x5,_0xc614x4[_0xec6e[2]][_0xc614x7]< 0&& (_0xc614x4[_0xec6e[2]][_0xc614x7]+= g),_0xc614x6= 0-
Number(_0xc614x5< 0);_0xc614x4[_0xec6e[0]]= !_0xc614x2[_0xec6e[0]]]else {_0xc614x4[_0xec6e[0]]=
_0xc614x2[_0xec6e[0]]]};return _0xc614x4}function W(_0xc614x2,_0xc614x3){if(_0xc614x2[_0xec6e[0]]!=
_0xc614x3[_0xec6e[0]]){return 1- 2* Number(_0xc614x2[_0xec6e[0]])};for(var
_0xc614x4=_0xc614x2[_0xec6e[2]][_0xec6e[1]]- 1;_0xc614x4>= 0;--_0xc614x4){if(_0xc614x2[_0xec6e[2]]
[_0xc614x4]!= _0xc614x3[_0xec6e[2]][_0xc614x4]){return _0xc614x2[_0xec6e[0]]?1- 2*
Number(_0xc614x2[_0xec6e[2]][_0xc614x4]> _0xc614x3[_0xec6e[2]][_0xc614x4]):1- 2*
Number(_0xc614x2[_0xec6e[2]][_0xc614x4]< _0xc614x3[_0xec6e[2]][_0xc614x4])}};return 0}
```

图 2-3　样式代码（2）

获取书籍信息的难度将成倍提升，令人头疼。

第 2 种方法会让事情变得简单，渲染工具在这个过程中代替了浏览器的角色，我们不必担心遇到加密或混淆的问题。图 2-4 描述了渲染工具的作用。

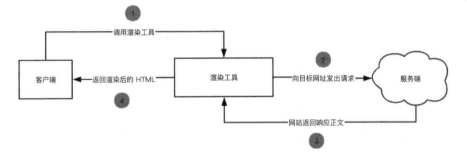

图 2-4　渲染工具作用图示

那么问题来了：

（1）目前主流的渲染工具有哪些？

（2）渲染工具各自的优势和特点是什么？

（3）渲染工具各自的劣势是什么？

（4）不同情况下，如何选择合适的渲染工具？

带着这些问题，我们进入本节的学习吧！

2.1.1　WebDriver 是什么

在万维网联盟 W3C 中有关于 WebDriver 的相关介绍和约定，其中对 WebDriver 的定义是基于协议的远程控制工具。这个工具提供了一组可操作 Web 文档中的 HTML

DOM 元素的接口。在爬虫领域中，WebDriver 指的是浏览器驱动，图 2-5 描述了 WebDriver 的作用。

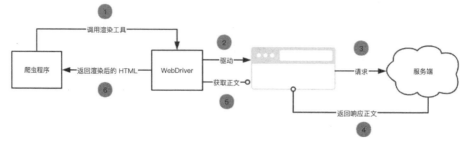

图 2-5　WebDriver 作用图示

爬虫程序、浏览器和 WebDriver 的关系，就像两个不同语言的人和翻译一样。爬虫程序不能直接向浏览器发号施令，浏览器也不能直接与爬虫程序进行交互。需要注意的是，浏览器无法主动将渲染后的 HTML 通过 WebDriver 传递给爬虫程序，而是由爬虫程序发起获取 HTML 的指令。

一个 WebDriver 能够驱动所有的浏览器吗？

不能。不同品牌、不同版本的浏览器对应的驱动是不同的。在众多浏览器品牌中，有稳定驱动的浏览器品牌主要有 Firefox、Chrome 和 Safari，其中 Chrome 的用户是最多的。

平时我们在浏览器中常用的基础操作有点击、滑动和拖曳，有时候还会执行截图操作。这些都是浏览器开发商为人类提供的"接口"，我们通过这些"接口"就可以在网页中冲浪。那么问题来了：

（1）程序能够实现相同的操作吗？

（2）如果能，我们需要怎么做呢？

既然 W3C 制定了 WebDriver 规范，那么程序只要按照 WebDriver 规范与之进行交互就能够实现与人类相同的操作。作为一名工程师，你肯定想打造一款 WebDriver 驱动，这时候按照 W3C 制定的 WebDriver 规范进行编码就可以了。

2.1.2　Selenium 的介绍和基本使用

跟我们有相同想法的人很多，有团队已经开发出了成熟稳定的 WebDriver 程序，并在此基础上提供了丰富的功能，这个程序叫作 Selenium。Selenium 是一款开源的浏览器自动化项目，它提供了一整套指令集接口，这些指令集能够在多款浏览器中执行。有了 Selenium，我们就可以将指令发送给浏览器，由浏览器执行具体操作，这就像通过遥控器控制电视机的播放内容。

　　提示：开始实践前请按照 Selenium 官方文档安装 Selenium 并下载对应浏览器的 WebDriver。

　　Selenium 支持多款浏览器，例如 Chromium、Firefox、Internet Explorer、Opera、HtmlUnitDriver、Safari 等。每款浏览器对应的 WebDriver 维护者不同，这就造成了不同程度的版本支持，只有 Chromium 是各版本都支持，其他浏览器均只支持近期版本。

　　使用 WebDriver 时要学习的基本技术之一是如何在页面上查找元素。WebDriver 提供了许多内置的选择器类型，其中包括通过其 ID 属性查找元素的方法，对应的 Python 代码如下：

```
driver.find_element_by_id("asyncins")
```

　　这里的 driver 代表 WebDriver 的实例对象，这样我们就能够定位到网页中 ID 属性值为 asyncins 的 HTML DOM 节点。

　　除了 ID 属性外，Selenium 还提供了更多定位方式，表 2-1 描述了 Selenium 中 8 种不同的元素定位方式。

表 2-1 　元素定位方式

方　　式	描　　述
class name	定位 HTML 文档中标签 class 属性包含指定值的元素
css selector	定位符合 CSS 选择器规则的元素
id	定位 HTML 文档中标签 id 属性包含指定值的元素
name	定位 HTML 文档中标签 name 属性包含指定值的元素
link text	定位 HTML 文档中指定值的锚元素
partial link text	定位 HTML 文档中包含指定值的锚元素，匹配多个时默认选择第一个
tag name	定位 HTML 文档中标签名指定值的锚元素
xpath	定位符合 XPATH 表达式规则的元素

　　如果要定位多个元素，例如定位下面代码列表中的 li 标签。

```
<ol id=cheese>
    <li id=cheddar>…
    <li id=brie>…
    <li id=rochefort>…
    <li id=camembert>…
</ol>
```

　　这时候我们可以采用 css selector 的方式来写定位语句：

```
mucho_cheese = driver.find_elements_by_css_selector("#cheese li")
```

　　不同的定位方式可以满足我们在不同情况下的需求，但要注意优先选择相对精准的定位方式，这样能够有效避免遍历 DOM 带来的效率降低问题。

　　定位到元素之后我们可能会输入文字或者点击它，就像我们会在图 2-6 所示的页面中输入用户名和密码后点击"登录"按钮一样。

图 2-6　登录页

　　Selenium 提供了 send_keys()方法，在定位到输入框元素后调用该方法即可实现输入文字的效果。假设用户名输入框的 name 属性值为 username，密码输入框的 name 属性值为 password，对应的 Python 代码如下：

```
driver.find_element_by_name("username").send_keys("admin")
driver.find_element_by_name("password").send_keys("1596-pbn2-8i2f")
```

　　输入用户名和密码后，定位"登录"按钮并发起点击操作即可，对应的 Python 代码如下：

```
driver.find_element_by_css_selector("input[type='submit']").click()
```

　　我们来看另外一种情况，图 2-7 中第一行代表着不同的职业，假设需要将第二行中的 Tom 移动到第一行的 Fireman 处，我们应该怎么做呢？

图 2-7　移动图示

借助鼠标，我们完成这个任务需要 4 步：

（1）找到 Tom 的位置。

（2）点击 Tom，但不松开鼠标。

（3）将 Tom 拖曳到 Fireman 的位置。

（4）释放鼠标。

Selenium 提供的 click()方法是点击后自动释放，显然无法满足这次需求。好在 Selenium 提供了 ActionChains 对象，现在我们只要定位 Tom 和 Fireman，并将其传给 ActionChains 对象中的 drag_and_drop()方法即可，对应的 Python 代码如下：

```
tom = driver.find_element_by_id("Tom")
fireman = driver.find_element_by_id("Fireman")
ActionChains(driver).drag_and_drop(tom, fireman).perform()
```

Selenium 支持多种编程语言，例如 Java、Python、C#、Ruby、JavaScript 和 Kotlin，代码片段 2-1 为官方文档中的 Python 示例。

代码片段 2-1

```
from selenium import webdriver
from selenium.webdriver.common.by import By
from selenium.webdriver.common.keys import Keys
from selenium.webdriver.support.ui import WebDriverWait
from selenium.webdriver.support.expected_conditions import
presence_of_element_located

#This example requires Selenium WebDriver 3.13 or newer
with webdriver.Firefox() as driver:
    wait = WebDriverWait(driver, 10)
    driver.get("https://***.com")
    driver.find_element_by_name("q").send_keys("cheese" + Keys.RETURN)
    first_result = wait.until(presence_of_element_located
((By.CSS_SELECTOR, "h3>div")))
    print(first_result.get_attribute("textContent"))
```

示例代码通过 WebDriver 驱动 Firefox 浏览器去访问指定网址，网页打开后调用名为 find_element_by_name 的方法定位 name 值为 q 的标签，将 cheese 填入输入框后按回车键，接着使用 CSS 选择器语法定位 h3 标签下的 div 标签并打印该标签中的文本内容。假设页面中 name 值为 q 的标签是网页的搜索框，那么示例代码前半部分完成的工作如图 2-8 所示。

图 2-8　搜索行为图示

回顾一下本节开篇处的需求：爬取电子工业出版社网上书店中的图书封面地址、图书名称、作译者、价格等信息。有了 Selenium，我们可以轻松地达到目的。首先我们需要定位新书推荐栏目中计算机类图书的列表，图 2-9 所示为图书列表和对应的 Elements 信息。

图 2-9　图书列表和对应的 Elements 信息

然后循环列表，并从中提取图书信息。代码片段 2-2 为爬虫程序的具体实现。

代码片段 2-2

```
from selenium import webdriver

with webdriver.Chrome() as driver:
    # 访问指定网址
    driver.get("https://www.phei.com.cn/module/goods/wssd_index.jsp")
    # 定位图书列表
    lis = driver.find_elements_by_css_selector("#book_sort_area >
ul:nth-child(1) > li")
    # 循环图书列表并从中提取图书信息
```

```
for i in lis:
    image = i.find_element_by_css_selector("p > a >
img").get_attribute("src")
    book = i.find_element_by_css_selector("p.li_title >
a").text
    author = i.find_element_by_css_selector("p.li_author").text.split
("\n")[0]
    price = i.find_element_by_css_selector("p.li_author > i").text
    print([book, price, author, image])
```

代码运行结果如下：

```
['网络设备配置与管理', '定价:¥39.0', '作译者:李永亮,贝太忠...',
'http://218.249.32.138/covers/9787121381058.jpg']
['大型互联网企业安全架构', '定价:¥79.0', '作译者:石祖文',
'http://218.249.32.138/covers/9787121374753.jpg']
['SQL Server 2017数据库应用...', '定价:¥55.0', '作译者:卢扬,周欢,张...',
'http://218.249.32.138/covers/9787121357787.jpg']
['AutoCAD 2020 中文版室内装潢...', '定价:¥78.0', '作译者:贾燕',
'http://218.249.32.138/covers/9787121376009.jpg']
['34 招精通商业智能数据分析: Power ...', '定价:¥69.8', '作译者:雷元',
'http://218.249.32.138/covers/9787121376108.jpg']
['办公自动化高级应用案例教程--Offic...', '定价:¥41.0', '作译者:,夏其表,
刘颖...', 'http://218.249.32.138/covers/9787121371189.jpg']
['Java 实用教程(第 4 版)(含视频教学)', '定价:¥79.0', '作译者:郑阿奇',
'http://218.249.32.138/covers/9787121379451.jpg']
['计算机网络实验指导', '定价:¥45.0', '作译者:郑宏,宿红毅',
'http://218.249.32.138/covers/9787121364808.jpg']
```

运行结果说明我们得到了想要的图书信息，任务完成。

除了上面提到的元素定位、输入、点击、拖曳和文本提取之外，Selenium 还提供了滑动、等待和元素检测等功能，下面我们来体验滑动功能。以电子工业出版社网上书店为例，假设我们的需求是打开网页后滑动到页面底部。先分析一下，人类的操作步骤为：

（1）打开网页。

（2）拖动滚动条或者滑动鼠标滚轮。

（3）到达页面底部后停止拖动或滑动。

这里有个问题，人类可以通过视觉判断页面是否到达底部从而停止拖动或滑动行为，但程序如何判断是否到达页面底部呢？实际上这个判断的依据也需要人类来设定，图 2-10 所示为电子工业出版社网上书店页面底部的样式和对应的 Elements 信息。

图 2-10   页面底部的样式和对应的 Elements 信息

这里以页面的版权信息作为是否到达页面底部的判断依据。对于人类来说，看到这些版权信息就认为到达了页面底部。对于程序来说，滑动到 class 属性值为 web_book_footer 的 div 标签处就是到达了页面底部。代码片段 2-3 为滑动到页面底部的具体实现。

代码片段 2-3

```
import time
from selenium import webdriver
from selenium.webdriver.common.action_chains import ActionChains


with webdriver.Chrome() as driver:
    # 访问指定网址
    driver.get("https://www.phei.com.cn/module/goods/wssd_index.jsp")
    # 定位版权信息
    footer = driver.find_element_by_class_name("web_book_footer")
    # 移动到指定位置
    ActionChains(driver).move_to_element(footer).perform()
    time.sleep(10)
```

细心的读者注意到了，通过 Selenium 驱动浏览器时总会打开浏览器窗口。但在实际工作中为了提高效率或者因为服务器操作系统的问题希望在不打开浏览器窗口的情况下也能够完成这些操作，这时候我们可以通过 Options 对象隐藏浏览器窗口。在代码片段 2-2 的基础上进行一些改动：

```
+ from selenium.webdriver.chrome.options import Options

+ chrome_options = Options()
```

```
+ chrome_options.add_argument('--headless')
- with webdriver.Chrome() as driver:
+ with webdriver.Chrome(options=chrome_options) as driver:
```

　　保存改动后运行代码。这次我们并没有看到浏览器窗口被打开，但程序运行结束后却输出了我们想要的图书信息，这说明我们在不影响数据获取的情况下完成了隐藏浏览器窗口的任务。

　　以上就是本节对 Selenium 的介绍，实际上它的功能和用途远不止于此，更多关于 Selenium 的知识可翻阅 Selenium 的官方文档。

2.1.3　Pyppeteer 的介绍和基本使用

　　效率是爬虫程序不得不考虑的问题，提高爬虫程序效率的方法之一是将同步代码换成异步代码。虽然你的 Python 代码是异步的，但 Selenium 并不支持异步。如果你使用的是 Selenium，那么提高单位时间内的爬取能力只能依靠多进程。

　　现在我们需要一款支持异步的渲染工具，目前可选的有 Splash 和 Puppeteer。Splash 是一款 JavaScript 渲染服务，我们将在 2.1.4 节进行介绍。Puppeteer 是谷歌公司推出的一款基于 Node 的库，它通过 DevTools 协议来驱动 Chrome 浏览器或者 Chromium 浏览器。

　　Selenium 能够做到的，Puppeteer 也能够做到，例如窗口截图、生成 PDF 文件、输入文字、点击、拖放和文本提取等，而且 Puppeteer 在单位时间能够处理的任务更多，即效率更高。Puppeteer 支持的是 Node.js，如果我们想要在 Python 代码中使用它，那么就需要安装开发者基于 Puppeteer 改编而成的 Pyppeteer 库。需要注意的是，Pyppeteer 仅支持版本号大于或等于 3.6 的 Python。

　　我们可以用 Python 包管理工具 pip 安装 Pyppeteer 库，对应的安装命令如下：

```
$ python3 -m pip install pyppeteer
```

　　代码片段 2-4 为官方实例，这段代码的作用是通过 Pyppeteer 库访问指定的网址，执行截图操作后将图片保存在本地目录。

代码片段 2-4

```
import asyncio
from pyppeteer import launch

async def main():
    browser = await launch()
```

```
        page = await browser.newPage()
        await page.goto('http://*****.com')
        await page.screenshot({'path': 'example.png'})
        await browser.close()

asyncio.get_event_loop().run_until_complete(main())
```

　　需要注意的是，如果是第一次使用 Pyppeteer，它会自动下载新版的 Chromium 浏览器（大小约 100MB），所以第一次启动程序的时间会久一些。接下来我们将通过一个小任务来加深对 Pyppeteer 库的了解——完成与代码片段 2-2 相同的任务。在已知目标网址和图书列表元素位置的情况下，配合 Pyppeteer 的实例代码和文档，我们很快便可以写出对应的 Python 代码。代码片段 2-5 为代码片段 2-2 的 Pyppeteer 版本。

代码片段 2-5

```python
import asyncio
import re
from pyppeteer import launch

async def main():
    browser = await launch()
    page = await browser.newPage()
    await page.goto('https://www.phei.com.cn/module/goods/
wssd_index.jsp')
    lis = await page.querySelectorAll("#book_sort_area ul:nth-
child(1) li")
    for i in lis:
        image_element = await i.querySelector("p a img")
        image = await (await image_element.getProperty
("src")).jsonValue()
        book_element = await i.querySelector("p.li_title a")
        book = await (await book_element.getProperty
("textContent")).jsonValue()
        author_price_element = await i.querySelector("p.li_author")
        author_price = await (await author_price_element.getProperty
("textContent")).jsonValue()
        try:
            author = re.search("作译者: (.*)定价",
str(author_price)).group(1)
            price = re.search(r"(\d+.\d+)",
str(author_price)).group(1)
        except Exception as exc:
```

```
        author, price = "", ""
        print(exc)
    print([book, price, author, image])
await browser.close()

asyncio.get_event_loop().run_until_complete(main())
```

由于使用了 Python 的 AsyncIO 模块,所以很多地方会使用到 async 和 await 关键字,这也是 Pyppeteer 和 Selenium 在语法方面较为明显的差异之一。

以上就是本节对 Puppeteer 和 Pyppeteer 的介绍,实际上,Pyppeteer 的功能和用途远不止于此,更多关于 Pyppeteer 的知识可翻阅 Pyppeteer 的官方文档。

2.1.4 Splash 知识扩展

Splash 是一款基于开源的 WebKit 开发的 JavaScript 渲染服务,我们可以将它部署在服务器上,然后通过 Nginx 的负载均衡功能实现动态增删节点并保持高可用性。图 2-11 描述了配置好负载均衡后的 Splash 服务群与计算机之间的关系。

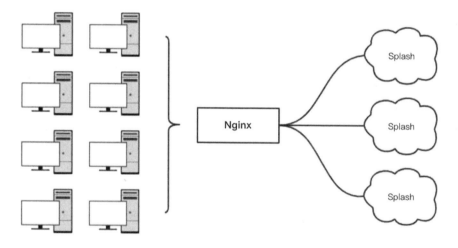

图 2-11 Splash 负载均衡图示

需要注意的是,Splash 的渲染核心组件是 WebKit,而不是我们日常在用的浏览器,因此有一定概率会出现网页节点渲染失败或节点异常的情况。实际上,Splash 只作为 Selenium 或者 Pyppeteer 的备选项出现,很少有爬虫工程师将它作为渲染主力。

本节小结

我们通过几个小例子和图示了解了爬虫领域的渲染三大件——Selenium、Pyppeteer 和 Splash 的构成和基本使用。Selenium 和 Pyppeteer 的渲染效果相对 Splash 更好，但 Splash 的可用性更高。了解了渲染三大件的优劣后，你在面对不同的渲染需求时一定能够做出合理的选择。

2.2　App 自动化工具

App 的封闭性比浏览器更高，爬取 App 中的数据的方法通常是拦截 App 的网络请求和响应，找到请求地址后用代码发送网络请求。有些 App 从 API 拿到数据后会对数据进行计算或处理，然后才呈现给用户，这与动态网页如出一辙。

2.2.1　Android 调试桥

Android 调试桥（Android Debug Bridge，ADB）是一款可以让计算机程序与 Android 设备通信的多功能命令行工具，也就是说，我们可以通过 ADB 操作 Android 模拟器或者真实的 Android 设备，例如：

（1）发出 Shell 命令。

（2）计算机与 Android 设备进行文件传输。

（3）为 Android 设备安装应用。

ADB 由客户端、守护进程和服务器三部分组成，在使用 ADB 操作 Android 设备前需要在计算机中安装 ADB 软件包，然后打开 Android 设备的 USB 调试模式，完成设备的连接后才能对设备进行操作。

ADB 的安装

根据 Android 开发者社区的文档指引，如果计算机操作系统为 macOS，则无须安装；如果计算机操作系统为 Ubuntu，则需要运行以下命令：

```
$ sudo apt-get install adb
```

如果计算机操作系统为 Windows，则各版本的安装步骤各不相同，且与原始设备制造商（OEM）的 USB 驱动程序相关，具体操作请参考 Android 开发者社区文档。

完成 ADB 的安装之后，打开手机的 USB 调试模式，并用 USB 线将计算机和 Android 设备（实验中用到的 Android 设备是智能手机）连接到一起。打开计算机终端，并执行查看设备列表的 ADB 命令：

```
$ adb devices
List of devices attached
4e0441c9     device
XPL5T19A15034845     device
```

　　终端输出的 List of devices attached 下有设备信息则代表连接成功，如果没有则连接失败，这里的 4e0441c9 和 XPL5T19A15034845 就是连接着计算机的两部设备的序列号。

　　在连接着多部 Android 设备的情况下，可以通过指定序列号来选择对应的 Android 设备。假设我们需要安装一个技术类社区的 App，首先需要下载其 apk 格式的安装文件，然后通过 ADB 向指定的 Android 设备发起安装命令，假设 apk 安装文件的名称为 glod.apk，那么对应的安装命令如下：

```
$ adb -s XPL5T19A15034845 install gold.apk
Performing Streamed Install
Success
```

　　命令执行后便会在 Android 设备上执行安装操作，终端出现的"Success"字样代表安装成功。

　　文件的传输也十分方便，我们只需要执行 push 或者 pull 命令即可。例如，将计算机中名为 sfhfpc 的文本文档传到指定的 Android 设备上的命令为：

```
$ adb -s XPL5T19A15034845 push sfhfpc.txt /sdcard/sfhfpc.txt
sfhfpc.txt: 1 file pushed. 0.1 MB/s (348 bytes in 0.006s)
```

　　命令执行后终端会显示上传的文件数量、大小和传输时间。图 2-12 所示为手机存储中名为 sfhfpc 的文本文档的内容。

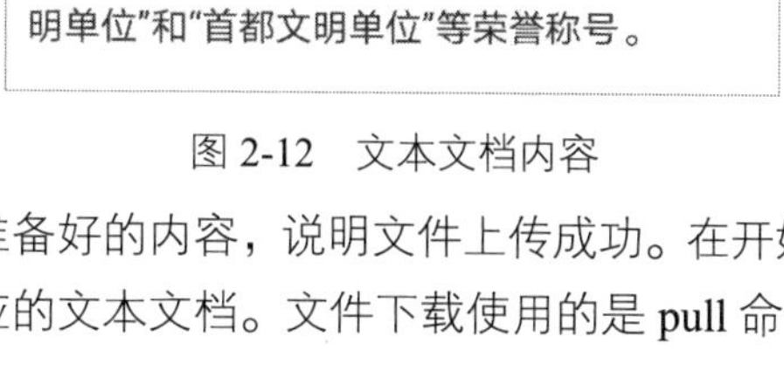

　　　　电子工业出版社成立于 1982 年 10 月，是工业和信息化部主管的综合性出版大社，享有"全国优秀出版社""讲信誉、重服务"优秀出版社、首届中国出版政府奖"先进出版单位""全国百佳图书出版单位""中央国家机关文明单位"和"首都文明单位"等荣誉称号。

图 2-12　文本文档内容

　　这正是计算机中准备好的内容，说明文件上传成功。在开始文件下载命令的测试前，删除计算机中对应的文本文档。文件下载使用的是 pull 命令：

```
$ adb -s XPL5T19A15034845 pull /sdcard/sfhfpc.txt sfhfpc.txt
/sdcard/sfhfpc.txt: 1 file pulled. 0.0 MB/s (348 bytes in 0.016s)
```

除了上面介绍到的基本操作之外，ADB 还提供了端口转发、网络命令、备份和恢复、调试命令、安全命令、脚本命令、Shell 命令等，更多关于 ADB 命令的知识可翻阅 Android 开发者社区文档。

2.2.2　Airtest Project 与 Poco

Airtest Project 是由网易游戏推出的一款跨平台的自动化测试框架，项目由 Airtest、Poco 和 Airtest IDE 三大组件构成。三大组件相互配合，使得我们可以在 Airtest IDE 中进行图形和代码混合编程，如图 2-13 所示。

图 2-13　Airtest IDE 图形和代码混合编程

在开始体验之前，我们需要从 Airtest Project 官网下载并安装 Airtest IDE。安装过程很简单，根据安装指引进行操作即可，此处不再赘述。安装完成后打开 Airtest IDE，打开时 Airtest IDE 会提示我们绑定账户，如果不想绑定则点击图 2-14 右下角的"Skip"按钮。

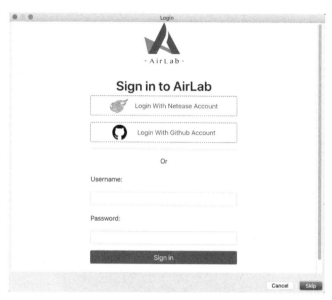

图 2-14　Airtest IDE 登录页

　　Airtest IDE 的主界面如图 2-15 所示。A 区为操作行为选择区，常用的点击、滑动、等待、截图等操作对应的按钮都在 A 区。B 区为页面布局信息查看区，我们可以在这里查看设备上的内容布局，类似浏览器开发者工具中的 Elements 面板。C 区为代码编辑区和运行日志区。D 区为设备区，设备列表和设备实时画面都会呈现在 D 区。

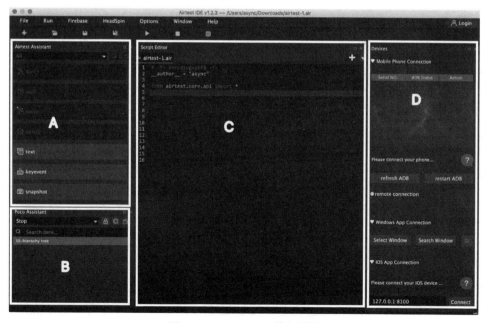

图 2-15　Airtest IDE 的主界面

　　插入 Android 设备后点击 D 区中的"refresh ADB"按钮，Devices 面板下就会出现如图 2-16 所示的设备序列号。

图 2-16　Devices 面板

　　点击"connect"按钮可将 Airtest IDE 与设备连接在一起，连接时 Airtest IDE 会在设备上安装几个应用，例如用于输入文字的 Yosemite 以及与 UI 相关的 PocoService 等，选择同意安装即可。连接成功后 D 区会实时显示设备当前画面，此时 Airtest IDE 的界面如图 2-17 所示。

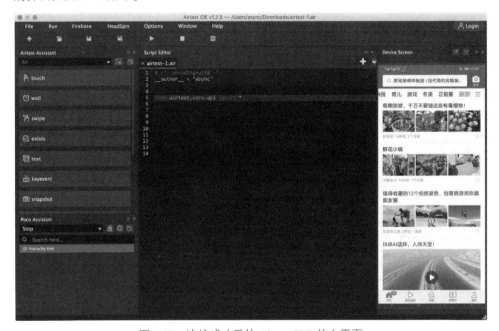

图 2-17　连接成功后的 Airtest IDE 的主界面

假设我们要搜索其他关键词，具体操作步骤如下。

（1）点击搜索框中的"关闭"图标。

（2）输入新的关键词。

在 Airtest IDE 中，我们可以模拟与人类一样的操作。首先点击 A 区中的"touch"按钮，并将光标移动到 D 区。此时光标形状为十字，在"关闭"图标附近按下鼠标左键并拖曳出一个矩形框，矩形框将"关闭"图标包裹在内。然后点击 A 区中的"text"按钮，并在弹出的输入框中输入关键词。接着点击工具栏中的"运行"按钮，程序开始运行，此时 Airtest IDE 的界面如图 2-18 所示。

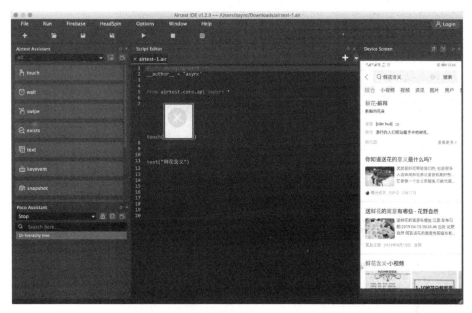

图 2-18　搜索关键词的 Airtest IDE 主界面

D 区显示的设备画面说明程序执行是有效的。当我们需要从下往上滑动屏幕时，可以点击 A 区中的"swipe"按钮，并在 D 区空白处画一个矩形，然后在 C 区代码编辑器中将 swipe() 方法中的坐标参数 vector 的值设为 [0,-0.9]，同时注释掉之前的 touch() 方法和 text() 方法，这时候运行程序，屏幕便会从下往上滑动一些距离，这跟人类阅读新闻时的行为是相同的。

如果我们想从 App 中获取数据呢？

这就要用到 B 区了。点击 B 区中的下拉列表按钮，并在弹出的下拉列表中选择"Andriod"，此时 C 区顶部会弹出是否使用 Poco 的提示，如图 2-19 所示。选择"Yes"后 Airtest IDE 会自动往 C 区编辑器中添加导入 Poco 的代码。

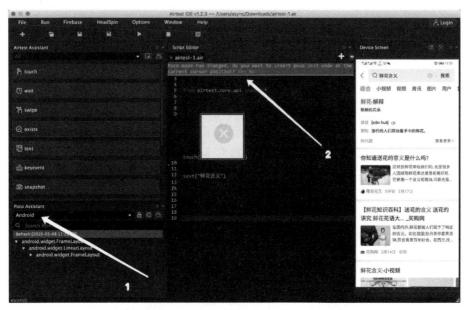

图 2-19　弹出是否使用 Poco 的提示

选择菜单栏中的"Window"→"Log Viewer"命令，此时 Airtest IDE 的界面布局如图 2-20 所示。

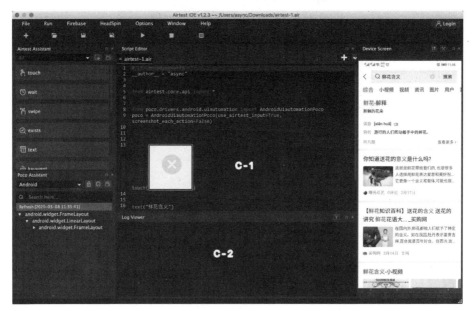

图 2-20　选择"Log Viewer"命令后的 Airtest IDE 主界面

C 区的上半部分为 C-1 区，下半部分为 C-2 区。C-2 区是日志查看区，像浏览器开发者工具中的 Elements 面板一样，可以观察到节点属性。B 区的树状层级结构可以展开，层层展开后能够定位到 D 区显示信息的大体位置和节点，从而获取节点的数据。假设我们需要定位到 D 区搜索结果的第 1 条资讯节点，那么展开 B 区的节点树并根据 C-2 区的节点信息判断节点是否符合需求即可，此时的 Airtest IDE 界面如图 2-21 所示。

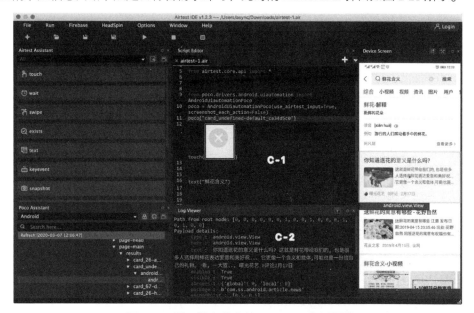

图 2-21　展开节点信息的 Airtest IDE 主界面

在 C-2 区展示的节点信息中，text 属性值就是第一条资讯的标题、简介、发布者和发布时间。B 区节点数的层级太多了，按照类似 CSS 选择器或者 XPATH 表达式的规则手动编写路径实在是太麻烦了。Airtest IDE 提供了更便捷的方法，我们只要在 B 区节点上右击，在弹出的快捷菜单中选择"UI path-code"命令，C-1 区就会自动填充节点路径：

```
poco("android.widget.LinearLayout").offspring("com.ss.android.article
.news:id/wh").offspring("com.ss.android.article.news:id/a2z").child
("android.webkit.WebView").offspring("card_undefined-
default_ca34d5c0").child("android.view.View").child("android.view.View")
```

提取 text 属性值可以使用 get_text()方法。将上面的代码改为：

```
title = poco("android.widget.LinearLayout").offspring
("com.ss.android.article.news:id/wh").offspring("com.ss.android
.article.news:id/a2z").child("android.webkit.WebView").offspring
("card_undefined-default_ca34d5c0").child("android.view.View")
.child("android.view.View").get_text()

print(title)
```

保存改动后运行程序，运行信息会在 C-2 区显示。此时我们可以看到第一条资讯的文字信息：

你知道送花的意义是什么吗？这就是鲜花带给我们的，也是很多人选择用鲜花表达爱意和美好祝... 它更像一个含义和载体，可能也是一份给自己的礼物。看，一大篮... 曙光花艺
0 评论 2 月 17 日

这种在 B 区一层层节点跟进的方法太烦琐了，节点路径也非常长，有没有更便捷的方法呢？

当然有！下面我们将使用一个技术类社区 App 进行演示。

打开社区 App 后默认显示的是推荐选项卡下的文章列表，假设我们需要爬取推荐选项卡下所有文章的标题、作者和内容概要，那么我们可以先在 B 区点击锁状图标，然后将光标移动到 D 区并点击想要定位的元素，点击后 C-2 区就会出现该元素的节点信息，同时 B 区节点数也会自动定位到对应的节点，具体操作流程如图 2-22 所示。

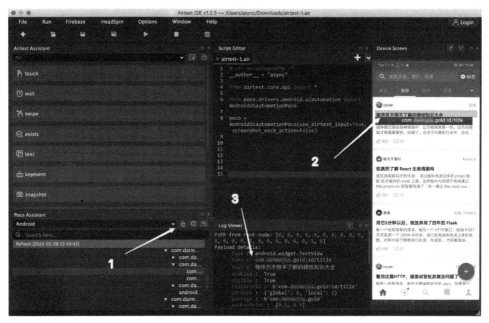

图 2-22   操作流程图示

现在我们知道文章标题节点的 name 属性值为 com.********.gold:id/title。按照上述方法，定位到文章作者节点的 name 属性值为 com.********.gold:id/tv_username，定位到内容概要节点的 name 属性值为 com.********.gold:id/content。这时候我们不需要像刚才那样用很长的节点路径才能获取到文章标题，只需要取 name 属性值为 com.********.gold:id/title 的节点的 text 属性值即可，对应的 Python 代码如下：

```
title = poco(name="com.********.gold:id/title")
print(title.get_text())
```

代码运行结果为：

程序员不得不了解的硬核知识大全

我们成功地获取到了文章的标题，同样可以将文章的作者和内容概要也提取出来。将刚才的代码改为：

```
title = poco(name="com.********.gold:id/title")
author = poco(name="com.********.gold:id/tv_username")
desc = poco(name="com.********.gold:id/content")

print(title.get_text(), author.get_text(), desc.get_text())
```

代码运行结果为：

程序员不得不了解的硬核知识大全
cxuan
我们每个程序员或许都有一个梦，那就是成为大牛，我们或许都沉浸在各种框架中，以为框架就是一切，以为应用层才是最重要的，你错了。在当今计算机行业中，会应用是基本素质，如果你懂其原理才能让你在行业中走得更远，而计算机基础知识又是重中之重。下面，跟随我的脚步，为你介绍一下计算机底层知识...

获取文章信息的问题解决了，再来看看如何获取多篇文章的信息。通常情况下，文章列表中文章的数量会随着屏幕的滑动而增加，那么节点也有可能按此规则增加，B 区节点树和文章列表的关系如图 2-23 所示。

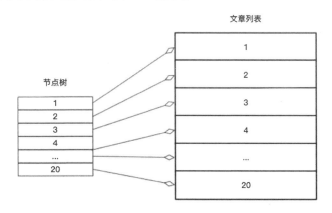

图 2-23　B 区节点树和文章列表的关系

但实际上节点树中的节点不会随着屏幕的滑动而增加，而是保持一定的数量，数量与单屏文章列表中的文章数量相同，通常为 4 或者 5（受屏幕尺寸和文章列表占用高度影响）。节点数量与单屏文章数的关系如图 2-24 所示。

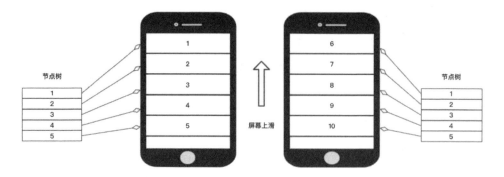

图 2-24   节点数量与单屏文章数的关系

也就是说，屏幕每次滑动约 5 篇文章的距离就可以获取到不重复的 5 篇文章。操作逻辑大体如下：

（1）提取节点中的文章信息。

（2）每一次提取文章信息后就滑动约 5 篇文章的距离。

（3）重复第 1 步和第 2 步。

根据整理出来的操作逻辑，得出的代码结构如下：

```python
combs = []

for _ in range(3):
    """提取单屏中的标题列表、作者列表和内容概要列表"""
    titles = ""
    authors = ""
    descs = ""
    for key, val in enumerate(titles):
        """从几个列表中取出对应的信息"""
        # 构造信息体并添加到结果列表
    for k in range(6):
        """滑动屏幕，滑动距离约 5 篇文章"""
```

基于上面的结构进行代码填充，最后的代码如下：

```python
import hashlib

shaone = hashlib.sha1()

combs = []
```

```
for _ in range(3):
    """提取单屏中的标题列表、作者列表和内容概要列表"""
    titles = poco(name="com.********.gold:id/title")
    descs = poco(name="com.********.gold:id/content")
    authors = poco(name="com.********.gold:id/tv_username")

    for key, val in enumerate(titles):
        """从几个列表中取出对应的信息"""
        try:
            title = titles[key].get_text()
            desc = descs[key].get_text()
            author = authors[key].get_text()
            shaone.update("{}_{}_{}_".format(title, desc, author)
.encode("utf8"))
            # 构造信息体并添加到结果列表
            hash_value = shaone.hexdigest()
            combs.append({hash_value: (title, author, desc)})
        except Exception as exc:
            print(exc)

    for k in range(6):
        """滑动屏幕，滑动距离约 5 篇文章"""
        poco(name="com.********.gold:id/card_entry").swipe("up")

print(combs)
```

代码运行结果如下（其中的 "…" 代表省略）：

[{'0a6a90cddb8c31427deee8edbd27edb2e28ea67f': ('程序员不得不了解的硬核知识大全', 'cxuan', '我们每个程序员或许都有一个梦，那就是成为大牛，我们或许都沉浸在各种框架中，以为框架就是一切，以为应用层才是最重要的，你错了。在当今计算机行业中，会应用是基本素质，如果你懂其原理才能让你在行业中走得更远，而计算机基础知识又是重中之重。下面，跟随我的脚步，为你介绍一下计算机底层知识…')},
    …,
{'e345165a476f25bc68d8ca3aca8ca4478d23b3d8': ('Redis 常见的使用场景总结', 'shanyue', '1. limit 分页优化 当偏移量特别大时，limit 效率会非常低。 如果我们结合 order by 使用。很快，0.04 秒就 OK。 因为使用了 id 主键做索引！当然，是否能够使用索引还需要根据业务逻辑来定，这里只是为了提醒大家，在分页的时候还需谨慎使用！ 有些业务逻辑进行查询操作时…')}]

　　刚开始接触 Airtest IDE 时，我们用的是图码混编的方式，在技术类社区 App 案例中我们并没有用到图码混编，而是采用了纯代码的方式。这是因为图码混编并不适合所有的爬虫需求场景，图码混编看起来更适合游戏测试或者 UI 操作较多的情形。需要注意的是，纯代码操作手机不全是 Airtest 的功劳，大部分工作是由 Poco 完成的，这个结论可以从图 2-25 所示的 Airtest Project 的结构图中得到确认，也可以从代码中得到确认，例如：

```
poco(name="com.********.gold:id/title")
poco(name="com.********.gold:id/card_entry").swipe("up")
poco("android.widget.LinearLayout").offspring("com.ss.android
.article.news:id/uu").offspring("com.ss.android.article.news:id/cvk")
```

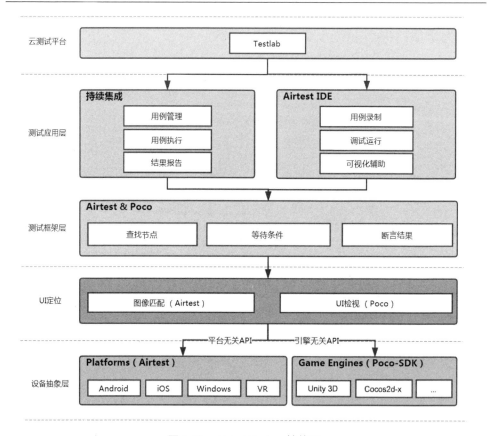

图 2-25　Airtest Project 结构图

　　那么问题来了，Poco 是什么呢？

　　Poco 是一款跨引擎的 UI 自动化框架，目前支持 Unity 3D、Cocos2d-x、Android 原生 App 和 Airtest IDE。通过它，我们可以操作 Android 或 iOS 智能设备中的大部分游戏和 App。操作包括点击、滑动、拖放和截屏等，另外还支持元素定位、等待元素出现和局部定位。

在 Airtest Project 中，Airtest 主要负责图像匹配，Poco 主要负责 UI 控件的操作，Airtest IDE 主要负责与开发者的交互，即 Airtest 负责处理图码混编中的图，而 Poco 负责处理图码混编中的码。

2.2.3　爬取 App 中的图片

在上面的例子中，我们通过 get_text()方法获取 App 中指定节点的文字内容，却没有能够获取图片或者图片 URL 的方法。要想通过自动化工具从 App 中获取图片，我们还需要将中间人工具集成到项目当中，完整的项目结构如图 2-26 所示。

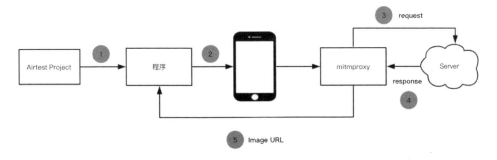

图 2-26　项目结构

在 Airtest IDE 中编写好代码，点击"运行"按钮时运行的程序驱动 Android 设备操作 App，App 会跟服务端进行网络通信。在 App 和服务端增加中间人工具 mitmproxy 可以获取到双端通信的数据，通过 mitmproxy 开放的接口编写能筛选出图片 URL 的代码，最后向图片 URL 发送网络请求即可。

下面我们将使用石墨文档 App 进行演示，我们的任务是抓取石墨文档 App 的文档中的图片（练习时请自行准备文档和图片）。首先在石墨文档 App 中新建名为"电子工业出版社新书推荐"的文档，然后从电子工业出版社网上书店复制几本书的封面图粘贴到"电子工业出版社新书推荐"文档中。接着编写 mitmdump 支持的 Python 代码，如代码片段 2-6 所示。

代码片段 2-6

```python
# mitm_script.py
def request(flow):
    if ".png" in flow.request.url:
        # 判断.png是否在请求 URL 中
```

```
with open("image.txt", "a+") as file:
    # 保存 URL
    file.write(flow.request.url)
    file.write("\n")
```

代码片段 2-6 的主要作用是监听设备发出的所有 HTTP 请求，并通过 if else 控制语句实现对图片请求的主动发现，然后将图片的 URL 保存到指定的文本中。

用命令启动 mitmdump，启动时使用-s 参数将 Python 文件导入到 mitmdump：

```
$ mitmdump -s ./mitm_script.py
```

上述工作完成后将手机连接到 Airtest IDE，然后在 C-1 区编写用于打开石墨文档 App 和点击"电子工业出版社新书推荐"文档的代码：

```
from poco.drivers.android.uiautomation import AndroidUiautomationPoco
poco = AndroidUiautomationPoco(use_airtest_input=True,
screenshot_each_action=False)
poco(text="石墨文档").click()
poco(text="电子工业出版社新书推荐").click()
```

保存改动后运行代码。程序会按照代码逻辑找到石墨文档 App 并点击"电子工业出版社新书推荐"文档，此时 D 区画面如图 2-27 所示。

启动 mitmdump 的终端窗口，输出内容如下：

```
192.168.20.31:60212: clientconnect
192.168.20.31:60170: GET https://*****/files/Td3y6RyXDvd86Gkd/
watermark
               << 200 OK 27b
192.168.20.31:60196: GET https://*****/f/7V4V1C9t4jgu8Vw6.jpg!
avatar HTTP/2.0
               << 200  141b
192.168.20.31:60196: GET https://*****/f/sXhwjDfzGPM9fWYs.png!
thumbnail HTTP/2.0
               << 200  161b
192.168.20.31:60196: GET https://*****/f/xX4o2NnCeUYgv0Qq.png!
thumbnail HTTP/2.0
               << 200  161b
192.168.20.31:60196: GET https://*****/f/hCpRjO1ZbW8g0yhc.png!
thumbnail HTTP/2.0
               << 200  161b
192.168.20.31:60196: GET https://*****/f/wAPq3ygCQYYYqv5m.png!
thumbnail HTTP/2.0
```

```
              << 200  161b
  192.168.20.31:60196: GET https://*****/f/tmJfm6jVpSQchpXT.png!
thumbnail HTTP/2.0
              << 200  161b
  192.168.20.31:60192: GET https://*****/files/Td3y6RyXDvd86Gkd?
contentUrl=true
              << 200 OK 981b
  192.168.20.31:60196: GET https://*****/f/5u9JALYwbfYugkm9.png!
thumbnail HTTP/2.0
              << 200  161b
```

图 2-27　D 区实时画面

这些就是 mitmdump 拦截到的请求信息，其中包括部分图片的 URL。打开 mitm_script.py 运行时创建的 image.txt 文件，文件内容如下：

```
https://*****/f/sXhwjDfzGPM9fWYs.png!thumbnail
https://*****/f/xX4o2NnCeUYgv0Qq.png!thumbnail
https://*****/f/hCpRjO1ZbW8g0yhc.png!thumbnail
https://*****/f/tmJfm6jVpSQchpXT.png!thumbnail
https://*****/f/wAPq3ygCQYYYqv5m.png!thumbnail
https://*****/f/5u9JALYwbfYugkm9.png!thumbnail
https://*****/f/2bgDA29Na1E5QKVL.png!thumbnail
```

这些就是存储在石墨文档 App 上"电子工业出版社新书推荐"文档中图片的 URL。

2.2.4　控制多台设备

通过 Airtest IDE 上的"运行"按钮启动程序时，程序会作用在当前连接的设备上，这点可以在 C-2 区找到答案：

```
"/Applications/AirtestIDE.app/Contents/MacOS/AirtestIDE" runner
"/Users/async/Downloads/airtest-1.air"  --device
Android://127.0.0.1:5037/XPL5T19A15034845?cap_method=JAVACAP&&ori_method=
ADBORI --log
```

runner 关键字后面跟着的是我们在 Airtest IDE 中编写代码的文件完整路径，device 后面跟着的是设备地址、端口号、序列号及日志参数。由此我们得知，可以通过更换设备序列号达到切换设备的目的，设备地址和端口号说明可以控制例如云手机这样的远程设备。

那是否可以同时控制多台设备呢？

控制多台设备通常称为群控，常见于游戏测试、刷单和刷阅读量等场景中。根据 Airtest Project 文档的指引，想要实现群控，只需要在命令行运行脚本时将设备依次使用 --device Android:///添加到命令行中即可。打开微信的代码如下：

```
poco(text="微信").click()
```

将两台智能手机连接到计算机并按照提示安装辅助应用后，可以通过 adb devices 查看设备序列号。拿到智能手机序列号后按照 C-2 区的命令格式运行 air 文件，运行命令参数中允许用 device 标记不同的设备，即指定两台智能手机的地址、端口号和序列号。对应命令如下：

```
"/Applications/AirtestIDE.app/Contents/MacOS/AirtestIDE" runner
```

```
"/Users/async/Downloads/airtest-1.air"  --device
Android://127.0.0.1:5037/XPL5T19A15034845 --device
Android://127.0.0.1:5037/4e0441c9
```

　　命令执行后，两部手机中安装的微信 App 都会被打开，这说明我们达到了控制多台设备的目的。在这个基础上，还可以再增加更多的 Android 设备。

　　更多关于 Airtest Project 和 Poco 的知识可翻阅 Airtest Project 的官方文档和 Poco 的官方文档。

本节小结

　　程序与 Android 设备的连接基础是 adb，adb 是其他 App 自动化工具的基石。

　　图码混编的程序只能在安装了 Airtest 和 Poco 的环境下运行，没有 Airtest 的环境运行图码混编程序是会报错的。值得一提的是，Poco 和 Airtest 都可以单独使用。

　　Airtest IDE 更多时候是被用来查看节点信息，Airtest 更多时候是被用来测试游戏，爬虫工程师更倾向于 Poco。

实践题

　　（1）用 Selenium 爬取电子工业出版社网上书店中的所有科技类图书。

　　（2）用 Pyppeteer 爬取电子工业出版社网上书店中的所有经济管理类图书。

　　（3）爬取自己的微信通讯录中所有好友的昵称。

　　（4）驱动 2 部或 3 部 Android 设备完成第 3 题。

本章小结

　　静态资源如 JavaScript、CSS、HTML 和图片的渲染工作在浏览器层面进行，爬虫程序直接发出请求得到的仅仅是单个文件的文件内容。如果不想花时间去分析网络请求、阅读那些被混淆到晦涩难懂的代码，那么网页渲染工具是一个很好的选择，很多爬虫工程师都这样做。同样，要获得 App 中的内容，需要经历抓包、反编译等过程，想要偷懒的话就用自动化工具吧。需要注意的是，很多工具是可以相互搭配使用的，例如 2.2.3 节中的 Poco 和中间人工具 mitmproxy 的搭配。

　　不过，并不是所有爬虫工程师都会选择自动化工具，那些高级爬虫工程师往往选择分析网络请求和逆向代码这样的方式，因为这样能够让爬虫程序的运行效率更高。这属于反爬虫的知识范畴，本书不做讨论。

第 3 章
增量爬取的原理与实现

大多数情况下，一次爬取并不能获得所有目标数据。假设爬取目标是一个体育资讯类网站，它每天都会发布新的文章或图集，爬虫程序的任务是每天都去爬取目标网站发布的新内容。如果网站是列表页—详情页的递进关系，那么爬虫程序每次启动都会按照原来的设定从列表页第 1 页翻页到最后 1 页，然后向详情页发出请求、抽取数据。如图 3-1 所示，假设昨天爬取的列表页范围是 1～10 页，今天爬取的列表页范围是 1～15 页，明天爬取的列表页范围是 1～20 页。

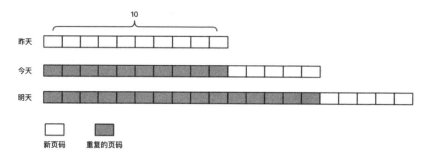

图 3-1　三日爬取范围

这样一来，爬虫程序每天都会重复爬取以往爬取过的页面，导致时间和资源的浪费。案例中的页码数量并不多，但在实际爬取需求中页码数量可能成百上千，公司可不愿意将资源浪费在这个地方。我们可以将这个需求理解为公司要在原有数据基础上增加"新数据"，以避免时间和资源的浪费，这种需求被称为"增量爬取"。

那么问题来了：

- 增量爬取有哪些分类？
- 如何区分未爬取和已爬取的 URL？
- 如何避开重复的 URL？
- 如何监控页面数据是否发生变化？
- 如何高效更新发生变化的数据？
- 如何根据业务情况选择增量手段？

带着这些问题，让我们进入到本章的学习当中吧！

3.1　增量爬取的分类和实现原理

增量爬取是每一位爬虫工程师都有可能遇到的需求，我们必须找到合理的方法来解决增量爬取过程中遇到的问题。本节我们将从增量爬取的分类开始学习，并通过几个例子了解增量爬取的适用场景，接着讨论不同条件下增量爬取的实现原理。

3.1.1　增量爬取的分类

从需求上来看，增量爬取可以分为数据增量和 URL 增量两类。见名知义，数据增量指的是监控并更新指定的数据，例如电商平台中商品的价格、颜色和 H 码等。URL 增量指的是只爬取“新”页面的行为。我们先来看数据增量，图 3-2 所示为互联网招聘平台中某企业发布的“爬虫工程师”的招聘信息。招聘信息中比较重要的属性有：薪资水平、学历要求、工作地点、职位描述、岗位要求和发布时间。需要注意的是，这些属性在发布后有可能会变动。

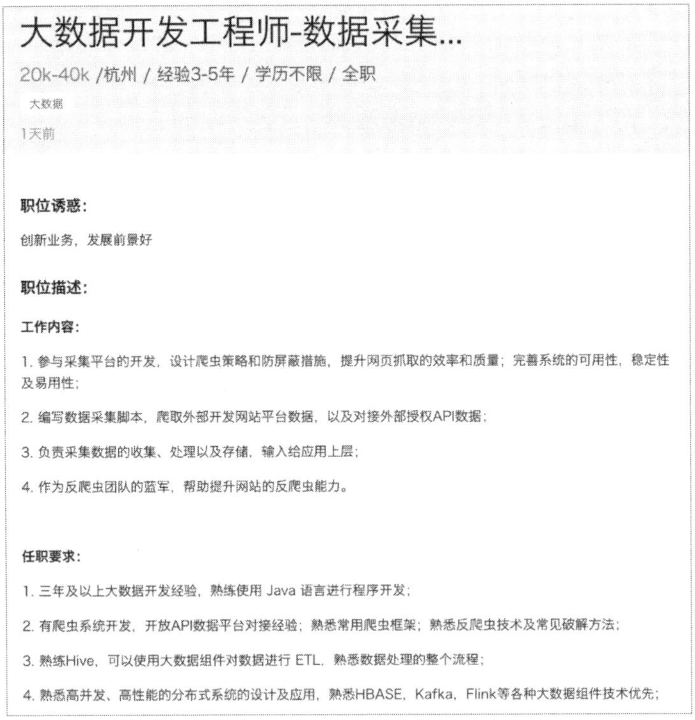

大数据开发工程师-数据采集...

20k-40k /杭州 / 经验3-5年 / 学历不限 / 全职

大数据

1天前

职位诱惑：

创新业务，发展前景好

职位描述：

工作内容：

1. 参与采集平台的开发，设计爬虫策略和防屏蔽措施，提升网页抓取的效率和质量；完善系统的可用性，稳定性及易用性；

2. 编写数据采集脚本，爬取外部开发网站平台数据，以及对接外部授权API数据；

3. 负责采集数据的收集、处理以及存储，输入给应用上层；

4. 作为反爬虫团队的蓝军，帮助提升网站的反爬虫能力。

任职要求：

1. 三年及以上大数据开发经验，熟练使用 Java 语言进行程序开发；

2. 有爬虫系统开发，开放API数据平台对接经验；熟悉常用爬虫框架；熟悉反爬虫技术及常见破解方法；

3. 熟练Hive，可以使用大数据组件对数据进行 ETL，熟悉数据处理的整个流程；

4. 熟悉高并发、高性能的分布式系统的设计及应用，熟悉HBASE，Kafka，Flink等各种大数据组件技术优先；

图 3-2　招聘信息

假设公司要求我们的爬虫程序监控招聘平台上所有“爬虫工程师”的招聘信息，当页面显示的属性较之前发生变化时，爬虫程序要将变化的内容更新到数据库中，反之则不用更新。图 3-3 描述了招聘信息发生变化前后，页面属性和数据库的对比。

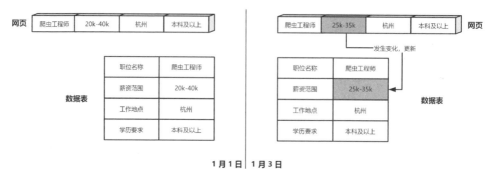

图 3-3　页面属性和数据库的对比

　　1 月 1 日，爬虫程序已经将页面中的招聘信息保存到数据库中，但招聘信息中的"薪资范围"在 1 月 3 日发生了变化，所以爬虫程序将变化的内容更新到数据库中。这种场景和需求就是数据增量，数据增量的核心是数据，而不是 URL。

　　除招聘类平台外，常用到数据增量的网站类型还有电商类和金融投资类等。

　　了解数据增量之后，我们来看一看 URL 增量。URL 增量不爬取"旧"内容，只爬取"新"内容，这里的"旧"和"新"是相对的，衡量的标准是 URL，这听起来跟"去重"有关系。图 3-4 描述了网页持续发布新内容的情景下，爬虫程序对应的数据库的变化。

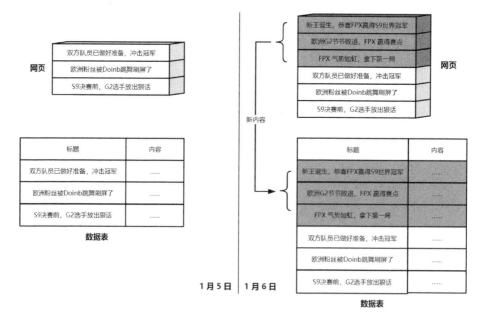

图 3-4　爬虫程序对应的数据库的变化

爬虫程序 1 月 5 日爬取了 3 篇文章，目标网站第二天发布了另外 3 篇文章，爬虫程序将"新内容"保存到数据库中，但不会重复爬取已有的文章。爬虫程序并不是通过文章标题来判断文章是否存在，而是通过 URL 来区分内容的"新"与"旧"。这种场景和需求就是 URL 增量，URL 增量的核心是 URL，而不是数据。

3.1.2　增量爬取的实现原理

在网络请求发出去后，服务器响应之前，爬虫程序并不知道页面内容是否有更新，更不知道哪些内容会更新。只有拿到服务器响应的页面后，才能与数据库中存储的数据进行对比。如果页面内容与数据库存储的数据不同，那么数据库中的数据就要进行更新，反之则不进行处理。程序要经历的步骤大体如下：

（1）向目标网页发出网络请求。

（2）拿到服务器响应的页面后抽取对应的内容。

（3）将抽取到的内容与数据库中已存储的数据进行对比。

（4）更新数据或不进行处理。

像招聘类平台，每天都会有新的职位发出，也会有职位信息变更。这就要求爬虫程序必须爬取整个网站中的所有职位信息，如果有时效性要求，那么每天就要循环爬取 N 次（N 取决于需求）。监控页面数据是否发生变化的方法，就是不停地重复上面的第 1～3 步。

数据对比和更新的方法可以灵活实现，例如一方面从页面抽取内容，另一方面从数据库（假设数据库为 MySQL）中取出数据。代码片段 3-1 为对应的伪代码。

代码片段 3-1

```
# 伪代码
import requests

# 向目标网页发出请求，假设页面 id 为 3376
now_html_data = requests.get("http://*****.com/article=3376")
# 解析页面
data = parse(now_html_data)
# 抽取页面内容
article = 3376
title = data.title
salay = data.salay
place = data.place
edu = data.edu
# 从数据库中查询与页面 id 相同的数据
```

```
mysql_data = query("select * from info where aid=3376")
# 判断, 如果页面内容与数据库存储的数据不同, 则更新数据库
if ([article != mysql_data.id, title != mysql_data.title,
        salay != mysql_data.salay, place != mysql_data.place,
        edu != mysql_data.edu
]):
        # 更新数据库
        query("update info set title=%s, salay=%s, place=%s, edu=%s
where aid=3376"
        % (title, salay, place, edu))
else:
        # 如果页面内容与数据库存储的数据相同, 则不进行处理
        pass
```

使用这种方法实现数据增量时, 程序与数据库会进行多次交互:

- 无论情况如何, 程序都要从数据库中读取一次数据。
- 如果页面内容与数据库中存储的数据不同, 那么要进行一次数据更新操作。

数据量越大, 占用的时间和资源就越多。实际上, 我们可以将判断逻辑和更新都交给数据库, 这样一来就不用从数据库中读取数据了。我们可以使用 MySQL 中的 ON DUPLICATE KEY UPDATE 语法来达到减少数据库 I/O 的目的。

ON DUPLICATE KEY UPDATE 的语法示例如下:

```
> INSERT INTO tablename(fild1, fild2, fild3) VALUES(v1, v2, v3) ON
DUPLICATE KEY UPDATE field1 = v1, field2 = v2, field3 = v3;
```

其中, tablename 是表名, field 代表字段名, v 代表值。如果表中设定为主键的字段对应的值已存在于数据表中, 就执行后半段:

```
field1 = v1, field2 = v2, field3 = v3;
```

反之则执行前半段:

```
INSERT INTO tablename(fild1, fild2, fild3) VALUES(v1, v2, v3)
```

在 MySQL 数据库中的表 info 中已存储一条与职位信息相关的数据, 数据具体字段和值如下:

```
+--------+-----------+-----------+--------+--------+
| id     | title     | salary    | place  | edu    |
+--------+-----------+-----------+--------+--------+
| 3376   | 爬虫工程师 | 25k-35k   | 上海   | 本科   |
+--------+-----------+-----------+--------+--------+
```

此时爬虫程序并不需要从数据库中读取数据与页面内容进行比对，而是使用 ON DUPLICATE KEY UPDATE 语法将页面内容插入到数据库中。对应的 SQL 语句如下（在此之前为 id 字段设定了主键属性）：

```
> INSERT INTO info(id, title, salary, place, edu) VALUES(3376, "爬虫工程师", "25k-35k", "杭州", "本科") ON DUPLICATE KEY UPDATE title="爬虫工程师", salary="25k-35k", place="天津", edu="本科";
```

由于数据表中已存在一条 id 为 3376 的数据，此时会执行后半段，即：

```
title="爬虫工程师", salary="25k-35k", place="天津", edu="本科";
```

语句执行后，数据表中的数据如下：

```
> select * from info;
+--------+--------------+-----------+--------+-------+
| id     | title        | salary    | place  | edu   |
+--------+--------------+-----------+--------+-------+
| 3376   | 爬虫工程师    | 25k-35k   | 天津   | 本科  |
+--------+--------------+-----------+--------+-------+
1 row in set (0.00 sec)
```

我们可以试试主键值不重复的情况，对应的 SQL 语句如下：

```
> INSERT INTO info(id, title, salary, place, edu) VALUES(5500, "爬虫工程师", "25k-35k", "杭州", "本科") ON DUPLICATE KEY UPDATE title="爬虫工程师", salary="25k-35k", place="天津", edu="本科";
```

由于数据库中没有 id 为 5500 的记录，此时会执行前半段，即：

```
> INSERT INTO info(id, title, salary, place, edu) VALUES(5500, "爬虫工程师", "25k-35k", "杭州", "本科")
```

语句执行后，数据表中的数据如下：

```
> select * from info;
+-------+--------------+-----------+--------+-------+
| id    | title        | salary    | place  | edu   |
+-------+--------------+-----------+--------+-------+
| 3376  | 爬虫工程师    | 25k-35k   | 天津   | 本科  |
| 5500  | 爬虫工程师    | 25k-35k   | 杭州   | 本科  |
+-------+--------------+-----------+--------+-------+
2 row in set (0.00 sec)
```

　　使用这种方法实现数据增量时，程序只与数据库进行一次交互，这样做最多可以将数据库 I/O 的耗时缩减到原来的 50%。

　　还有另一种方法，它的观点是无论页面内容是否发生变化都执行更新操作，程序也只会与数据库进行一次交互。与 ON DUPLICATE KEY UPDATE 不同的是，这种方法每次都会执行更新语句。例如，在使用 MongoDB 存储数据时，我们根本不需要花时间寻找与 MySQL 中的 ON DUPLICATE KEY UPDATE 类似的语法，只需要每次都执行更新操作即可。假设 MongoDB 中的 infos 集合里有一条这样的记录：

```
{ "_id" : 3376, "title" : "爬虫工程师", "salary" : "25k-35k",
"place" : "杭州", "edu" : "本科" }
```

　　对应的 MongoDB 更新语句如下：

```
> db.infos.updateOne({_id: {$eq: 3376}}, {$set: {title: "爬虫工程师", salary: "25k-35k", place: "北京", edu: "本科"}}, {upsert: true})
```

　　这条语句的作用是更新 _id 为 3376 的文档内容。语句执行后，集合中的文档内容如下：

```
{ "_id" : 3376, "title" : "爬虫工程师", "salary" : "25k-35k",
"place" : "北京", "edu" : "本科" }
```

　　工作地点由杭州变为北京，说明语句生效了。

　　以上提到的几种方法就是数据增量的具体实现。从结果来看，将是否需要更新的逻辑判断交给数据库比让程序判断更节省时间和资源。

　　假设爬虫程序要爬取的内容页 id 是递增的，范围在 1～50000 之间。1 月 5 日爬取的最后 id 是 15090，那么 1 月 6 日的起始 id 就是 15091，如图 3-5 所示。

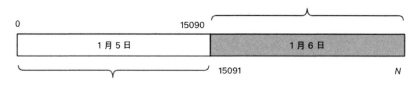

图 3-5　id 递增图示

　　这样就能够准确地区分哪些 URL 是"旧"的，哪些 URL 是"新"的，不会爬取重复的网页。这种情况下，URL 增量的实现是非常简单的，只需要记录每天爬取的最后 id，次日从下一个 id 开始即可。

　　这种内容页 id 递增的网站已经越来越少了，更多的是一组由无序字符串组成的内容页标识，例如：

```
http://www.****.com?page=1&id=2r9l74hjng
```

当 id 不是递增数字的时候，我们就无法区分哪些 URL 是"旧"的，哪些 URL 是"新"的。这时可以将爬取过的 URL 存到增量池，每次发出请求前都需要判断目标 URL 是否在增量池中。

这里我们用 Python 内置的集合实现增量池，对应的代码如代码片段 3-2 所示。

代码片段 3-2

```python
import requests

# 创建一个集合，作为增量池
after = set()
# 设定 URL 列表
urls = ["http://www.****.com?page=1&id=2r9l74hjng",
        "http://www.****.com?page=1&id=9kiujamzj6",
        "http://www.****.com?page=1&id=77274jnasf",
        "http://www.****.com?page=1&id=9kiujamzj6"
]
# 循环 URL 列表
for url in urls:
    # 条件判断
    if url not in after:
            # 如果 URL 不在增量池中则向目标网页发出请求
            resp = requests.get(url)
            # 发出请求后，将 URL 添加到增量池
            after.add(url)
    else:
        # 不进行处理
        pass
print(len(after), after)
```

代码执行后，终端输出内容如下：

```
3
{'http://www.****.com?page=1&id=2r9l74hjng',
 'http://www.****.com?page=1&id=77274jnasf',
 'http://www.****.com?page=1&id=9kiujamzj6'}
```

URL 列表中有 4 条 URL，其中有 2 条是相同的，所以运行结果中增量池的 URL 数量为 3，即实现了"去重"。

实际上编程语言内置的数据容器不适合作为 URL 增量中的增量池。增量池必须

是可持久化的存储，例如 Redis、MySQL 和 MongoDB 之类的数据库。这是因为增量需要考虑到爬虫程序的启动和停止，当爬虫程序运行结束或出现异常退出的情况时程序申请的内存会自动释放。内存一旦释放程序申请的空间，那么增量池也就消失了，爬虫程序下一次启动的时候无法判断上一次请求过哪些 URL，所以就无法实现 URL 增量。

本节小结

增量的目的是为了节省时间和资源，需求不同则增量的方式也不同。增量池必须是可持久化的存储，否则程序运行结束后内存自动释放会导致增量池消失。

3.2　增量池的复杂度和效率

假设你在一家运营体育资讯平台的公司工作，现在公司想要打造一款足球数据聚合产品。这个产品将行业数据、联赛数据、球队数据、球员数据进行聚合，然后经过一系列计算，实现可预测球队下一场比赛胜率的功能。要完成这个产品，需要有足够多的数据作为支撑，不仅需要将历史记录保存到数据库中，还需要监控每一场比赛的相关信息。

日积月累，可以想象到存储在增量池中的 URL 数量是非常庞大的，那么在选择数据库及数据类型时就要求满足"快""小""高"等特点：

- 快——存取够快。
- 小——空间占用够小。
- 高——效率够高。

在编程世界中，与"快"相关的是时间复杂度，与"小"相关的是空间复杂度。同时满足"快"和"小"，那么它的效率就够"高"。

下面，我们将了解时间复杂度和空间复杂度对增量池效率的影响。

3.2.1　增量池的时间复杂度

假设与足球相关的历史记录的 URL 有 1 亿条，现在每天产生的相关记录有 10 万条，那么增量池的容量为：

$$10000^2+N\times100^2\times10$$

其中，N 代表未来的天数。MySQL 并未提供判断元素是否在表中的内置命令，只能先查询所有数据再进行判断。在数量如此巨大的基础上进行查询操作，我们不得不考虑耗时问题。使用过 MySQL 的读者都知道，它的查询耗时受数据量大小的影响——

数据量越大，查询耗时越久。

在编程世界中，时间复杂度用 O 表示。那么 MySQL 查询操作的时间复杂度为 $O(n)$，其中 n 为数据量。也就是说，足球项目增量池查询操作的时间复杂度为 $O(10000^2+N\times100^2\times10)$。接下来我们做个实验，用于验证上述观点是否正确。

实验数据量不用很大，200 万条 URL 就可以了，这次实验的目的是证明 MySQL 的数据查询耗时会随着数据量的增大而变长。实验步骤大体如下：

（1）创建数据库和表。

（2）编写程序，往数据表中插入数据，每轮插入 50 万条。

（3）每轮插入执行完毕后，执行查询语句以观察耗时。

（4）待 4 轮插入完毕后对比耗时，得出结论。

第 1 步，创建数据库和表，对应的 SQL 语句如下：

```
> CREATE DATABASES football;
> USE football;
> CREATE TABLE player(id int primary key auto_increment, url
varchar(255));
```

第 2 步，编写一个每轮插入 50 万条 URL 的程序。为了节省时间，这里用到支持异步的 MySQL 连接库 aiomysql，该库的安装命令为：

```
$ pip install aiomysql
```

安装好后，我们就可以编写代码了。新建文件 inserts.py，并将代码片段 3-3 中的代码写入文件中。

代码片段 3-3

```
import time
import string
import random
import asyncio
import aiomysql


async def test_example_execute(loop):
    # 填写参数，以连接数据库
    conn = await aiomysql.connect(host='127.0.0.1', port=3306,
                                  user='root', password='******',
                                  db='football', loop=loop,
                                  autocommit=True)
```

```
    async with conn.cursor() as cur:
        # 循环 50 万次
        for i in range(500000):
            base_url = "http://www.******.com"
            # 生成 6 位的随机小写字母组合
            article = ''.join(random.choices(string.ascii_lowercase, k=6))
            # 生成时间戳
            timestamp = int(time.time())
            # 生成 sign 参数
            sign = article + str(timestamp * 3)
            # 拼接成常见的 URL
            url = "%s?page=1&article=%s&sign=%s&times=%s" % (base_url,
article, sign, timestamp)
            # SQL 语句
            query = "INSERT INTO player(url) VALUES ('%s');" % url
            # 执行指定的 SQL 语句
            await cur.execute(query)
    conn.close()


loop = asyncio.get_event_loop()
loop.run_until_complete(test_example_execute(loop))
```

使用这段代码时，需要在 connect() 方法的参数处填写真实的数据库用户名和密码。为了模拟贴近工作所用的 URL，代码中构造了 article、sign、timestamp 等参数。

第 3 步，运行 inserts.py 文件，待程序运行结束后用下面的命令查询数据表：

```
> select * from player;

500000 rows in set (0.15 sec)
```

MySQL Shell 提示查询 50 万条数据耗时 0.15 秒。

重复执行第 3 步，直到数据达到 200 万条。最后得到的数据量与耗时如下：

```
50 万条
- 500000 rows in set (0.15 sec)
100 万条
- 1000000 rows in set (0.33 sec)
150 万条
- 1500000 rows in set (0.54 sec)
200 万条
- 2000000 rows in set (0.81 sec)
```

第 4 步，从实验结果得知 MySQL 的查询操作确实受数据量大小的影响。我们的需求是每次发出请求前都要判断 URL 是否已在增量池中，这里就会涉及查询和比对操作。

提示：当数据量达到一定程度的时候，工程师为了优化查询速度就会为对应的字段建立索引，以提高查询速度。需要注意的是，建立索引后查询操作的时间复杂度为 $O(\log n)$，同样也会受到数据量大小的影响，且索引有可能影响插入速度。

如果选用了 MySQL，那么判断耗时必定也会受数据量大小的影响，所以 MySQL 不适合作为增量池的存储。

MySQL 中以数据库—表—数据的结构存储数据，MongoDB 则以数据库—集合—文档的结构存储数据。MongoDB 的实验步骤与 MySQL 的实验步骤相同，但在开始前需要安装 MongoDB 的连接库 PyMongo，安装命令如下：

```
$ pip install pymongo
```

与 MySQL 不同的是，MongoDB 的数据库和集合都不需要提前建立，也不用设置"字段"。使用时 MongoDB 会自行判断数据库和集合是否存在，如果不存在则自动新建。代码片段 3-4 为本次实验的示例。

代码片段 3-4

```python
import time
import string
import random
import pymongo


# 连接 MongoDB
client = pymongo.MongoClient("localhost", 27017)
# 使用 test 数据库
db = client.test


for i in range(500000):
    base_url = "http://www.******.com"
    # 生成 6 位的随机小写字母组合
    article = ''.join(random.choices(string.ascii_lowercase, k=6))
    # 生成时间戳
    timestamp = int(time.time())
    # 生成 sign 参数
    sign = article + str(timestamp * 3)
```

```
    # 拼接成常见的 URL
    url = "%s?page=1&article=%s&sign=%s&times=%s"  %  (base_url,
article, sign, timestamp)
    # 往 MongoDB 集合中插入数据
    db.sfhfpc.insert_one({article: url})
```

程序运行完毕后，我们可以在 Mongo Shell 中输入命令以查看指定集合中文档的数量，对应命令如下：

```
> db.sfhfpc.find().count()
500000
```

现在集合 sfhfpc 中已存储了 50 万条数据。MongoDB 的查询命令 find()并不会返回命令执行耗时，但我们可以从它的执行计划中看到查询耗时。对应的命令如下：

```
> db.sfhfpc.find().explain("executionStats")
```

命令执行后，Mongo Shell 返回的内容如下：

```
{
    "queryPlanner" : {
        "plannerVersion" : 1,
        "namespace" : "test.sfhfpc",
        "indexFilterSet" : false,
        "parsedQuery" : {

        },
        "winningPlan" : {
            "stage" : "COLLSCAN",
            "direction" : "forward"
        },
        "rejectedPlans" : [ ]
    },
    "executionStats" : {
        "executionSuccess" : true,
        "nReturned" : 500000,
        "executionTimeMillis" : 136,
        "totalKeysExamined" : 0,
        "totalDocsExamined" : 500000,
        "executionStages" : {
            "stage" : "COLLSCAN",
            "nReturned" : 500000,
            "executionTimeMillisEstimate" : 110,
```

```
        "works" : 500002,
        "advanced" : 500000,
        "needTime" : 1,
        "needYield" : 0,
        "saveState" : 3909,
        "restoreState" : 3909,
        "isEOF" : 1,
        "invalidates" : 0,
        "direction" : "forward",
        "docsExamined" : 500000
      }
  },
  "serverInfo" : {
      "host" : "asyncdeMacBook-Pro.local",
      "port" : 27017,
      "version" : "4.0.10",
      "gitVersion" : "c389e7f69f637f7a1ac3cc9fae843b635f20b766"
  },
  "ok" : 1
}
```

执行计划中包含了非常多的信息，与耗时相关的字段是 executionTimeMillisEstimate，单位是毫秒。也就是说，本次查询耗时 110 毫秒。多次运行代码片段 3-4，最后得到的数据量与耗时如下：

```
50 万条
- 110 毫秒
100 万条
- 180 毫秒
150 万条
- 251 毫秒
200 万条
- 289 毫秒
```

从实验结果得知，MongoDB 的查询操作也受数据量大小的影响。

接下来用 Redis 进行时间复杂度的实验。启动 Redis 数据库和客户端后，编写程序，向 Redis 的集合中插入数据。在运行代码前，需要安装 Redis 的连接库 redis，对应的安装命令如下：

```
$ pip install redis
```

代码片段 3-5 为本次实验插入的数据。

代码片段 3-5

```
import time
import string
import random
import redis


r = redis.Redis(host='localhost', port=6379, db=0)

for i in range(2000000):
    base_url = "http://www.******.com"
    # 生成 6 位的随机小写字母组合
    article = ''.join(random.choices(string.ascii_lowercase, k=6))
    # 生成时间戳
    timestamp = int(time.time())
    # 生成 sign 参数
    sign = article + str(timestamp * 3)
    # 拼接成常见的 URL
    url = "%s?page=1&article=%s&sign=%s&times=%s" % (base_url,
article, sign, timestamp)
    # 往 Redis 集合中插入数据
    r.sadd("sfhfpc", url)
# 打印插入的最后一条 URL
print(url)
```

这里一次性插入 200 万条数据，指定集合键名为 sfhfpc。程序执行时我们可以在
Redis 客户端输入命令 keys* 查看当前所有键，如果返回的键名列表中包含 sfhfpc，就
说明程序正在向 Redis 写入数据。与 MySQL 和 MongoDB 不同的是，Redis 提供了判
断元素是否为集合成员的内置命令，其语法为：

```
SISMEMBER KEY VALUE
```

当程序执行到最后一句时，会打印插入的最后一条 URL：

```
http://www.******.com?page=1&article=xezrsh&sign=xezrsh4721745330
&times=1573915110
```

随后我们就用它进行验证。现在使用命令：

```
> SCARD sfhfpc
(integer) 1999967
```

查看集合 sfhfpc 成员数量。根据返回结果得知，集合中存储了 1999967 条数据。你一定很好奇，程序明明循环了 200 万次，为什么变成了 1999967 呢？

这是因为程序生成的随机字符串有重复的情况，而 Redis 的集合是自带"去重"功能的，它并不会存储重复的元素，所以结果并不是 200 万。

现在使用如下命令判断程序执行完毕后打印的那条 URL 是否为集合 sfhfpc 的成员：

```
> SISMEMBER sfhfpc "http://www.******.com?page=
1&article=xezrsh&sign=xezrsh4721745330&times=1573915110"
(integer) 1
```

返回结果为 1，说明该 URL 是集合 sfhfpc 的成员。

你一定很好奇 SISMEMBER 命令的时间复杂度是怎么样的，是 $O(n)$，还是 $O(\log n)$？

实际上它的时间复杂度是 $O(1)$，这点在 Redis 官方命令指南中可以查到。原文如下：

```
Available since 1.0.0.
Time complexity: O(1)
Returns if member is a member of the set stored at key.
```

由此看来，Redis 中的集合比 MySQL 和 MongoDB 更适合作为增量池的存储。

3.2.2　增量池的空间复杂度

Redis 将数据保存在内存中，数据量越大占用的内存就越多，即空间复杂度为 $O(n)$。无论是云服务器还是公司自建的服务器，增加内存都是一笔不小的开销，所以在使用 Redis 时工程师们一定要注意节省内存。

增量池中的 URL 长短不一，工程师们为了节省空间会生成 URL 的消息摘要，将固定长度（例如 32 位）的 URL 消息摘要保存到增量池。以 1 亿条 URL 为基础，我们来计算一下不同长度的 URL 占用的内存大小。首先是较长的 URL，例如：

```
http://www.******.com?page=1&article=xezrsh&sign=xezrsh4721745330
&times=1573915110
```

共 82 个字符。接着看看较短的 URL，例如：

```
http://www.******.com?t=16
```

共 26 个字符。假设使用 MD5 生成消息摘要，那么无论原 URL 有多长，最后得到的消息摘要长度都是 32。以 ASCII 编码为例，每个字母或数字占用的空间为 1 字节，即 1Byte。那么，82 个字符组成的 URL 占 82Byte，26 个字符组成的 URL 占 26Byte，长度为 32 位的消息摘要占 32Byte。

提示：实际上，32 位是一种折中的做法，更短的还有 16 位。因为大部分 URL 的长度都会大于 32 位，所以本书用 32 位的消息摘要进行讨论。

在 1 亿条 URL 的情况下，较长的 URL 占用空间为 82 亿 Byte，32 位消息摘要占用的空间为 32 亿 Byte。表 3-1 为 1 亿条 URL 不同单位的空间占用。

表 3-1　1 亿条 URL 不同单位的空间占用

	B	KB	MB	GB
82 个字符的 URL	82 亿	8007812.5	7820.1	7.6
32 位长度的消息摘要	32 亿	3125000.0	3051.8	3.0

随着时间的推移，内存占用将会越来越大，我们需要想一个办法优化存储，降低增量池的空间复杂度。

1970 年，Burton H. Bloom 提出了二进制向量结构，这种结构具有很好的空间和时间效率，他将这种结构命名为 Bloom Filter。在检测一个元素是否是集合的成员这件事上，Bloom Filter 的时间复杂度和 Redis 都是常数时间，但空间占用率却比 Redis 的更低。

Bloom Filter 的文档原文可以在宾夕法尼亚州立大学建立的科学文献数字图书馆 CiteSeerX 上查看。对于不了解哈希的读者来说，文档原文"晦涩难懂"，好在威斯康星大学官网收录的文献中有对 Bloom Filter 解读的文章，文章作者署名为 Pei Cao。接下来我们就跟着 Pei Cao 的文章思路了解一下 Bloom Filter 算法。

假设集合用 $A=\{a_1,a_2,a_3,...,a_n\}$ 表示。首先声明一个长度为 m 的 vector，称为 v，且 vector 中的元素初始值都设为 0。图 3-6 描述了初始值为 0、长度为 10 的 vector。

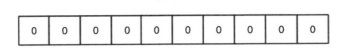

图 3-6　初始 vector

然后使用 k 个相互独立且随机的散列函数将集合 A 中的元素 a_1 映射到 vector 上，即将得到的值作为 vector 的下标，将对应位置的 0 改为 1。图 3-7 描述了使用 4 个散列函数对集合 A 进行映射后的 vector。

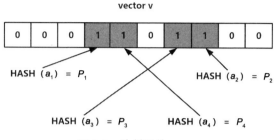

图 3-7 映射后的 vector

需要注意的是，一个位置有可能被多次设置为 1，因为不同的散列函数处理不同的值时有可能得到相同的结果。当我们要判断一个 b 是否在集合 A 中时，需要将 b 也进行同样的映射，并将得到的结果与集合 A 中的每个元素的位置进行比对，如果相同位置的值均为 1 则代表 b 在集合 A 中；反之只要相同位置的值中出现 0 则代表 b 不在集合 A 中。

举个例子，假设 a 是集合 A 中的唯一元素，a 是字符串"15"，经过 4 个散列函数的运算后得到的位置为 7、3、8、2，那么 vector 中下标为 7、3、8、2 的值就会被设为 1。此时待判断的 b 是字符串"22"，经过 4 个散列函数的运算后得到的位置为 5、11、3、6，那么 vector 中对应下标位置的值就会被设为 1。图 3-8 描述了 a 和 b 对应的 vector。

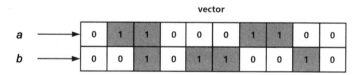

图 3-8 a 和 b 对应的 vector

由于 a 和 b 对应的 vector 中只有下标为 3 的值均为 1，所以 b 不在集合 A 中。

需要注意的是，vector 的长度 m 要大于集合元素数量 n 与散列函数数量 k 的乘积，即 $m > k \times n$。可以看到，下标的值跟所用的散列函数有关联，有一定概率出现误判，即不同的值经过散列函数运算后得到的下标有可能相同。Pei Cao 根据多种组合测试得出如下结论：

对于长度比集合 A 中元素数量 n 大 10 倍的 vector 来说，4 个散列函数的误判概率为 1.2%，5 个散列函数的误判概率为 0.9%。可以通过分配更多的内存来降低误判概率。

Pei Cao 在文章中给出了不同 m、k、n 组合的误判概率，感兴趣的读者可以深入了解。

看完上面的介绍，你一定很好奇：用了 Bloom Filter 之后，空间占用会是多少呢？

实际上 vector 的长度 m 即所占用的空间。已知 $m > k×n$，n 为 1 亿，假设散列函数的数量 k 为 8，那么 m 的值就是 8 亿 bit。8 bit 为 1 Byte，表 3-2 描述了使用 Bloom Filter 后 1 亿条 URL 不同单位的空间占用。

表 3-2   使用 Bloom Filter 后 1 亿条 URL 不同单位的空间占用

单　　位	bit	B	KB	MB
空 间 占 用	8 亿	1 亿	97656.3	95.4

对比使用 32 位长度的消息摘要占用 3.0GB 来说，95.4MB 已经极大地缩减了空间的占用。如果减少散列函数数量 k，那么还可以节省更多的空间，但误判概率也会上升。

在浏览过 Burton H. Bloom 和 Pei Cao 的文章后，我们将通过 Python 开源库 pybloom-live 的源码进一步了解 Bloom Filter。pybloom-live 是一个包含 Bloom Filter 数据结构的 Python 实现，其安装命令为：

```
$ pip install pybloom-live
```

代码片段 3-6 为该库的作者给出的示例。

代码片段 3-6

```
>>> import pybloom_live
>>> f = pybloom_live.BloomFilter(capacity=1000, error_rate=0.001)
>>> [f.add(x) for x in range(10)]
[False, False, False, False, False, False, False, False, False,
False]
>>> all([(x in f) for x in range(10)])
True
>>> 10 in f
False
>>> 5 in f
True
>>> f = pybloom_live.BloomFilter(capacity=1000, error_rate=0.001)
>>> for i in xrange(0, f.capacity):
...     _ = f.add(i)
>>> (1.0 - (len(f) / float(f.capacity))) <= f.error_rate + 2e-18
True

>>> sbf = pybloom_live.ScalableBloomFilter
(mode=pybloom_live.ScalableBloomFilter.SMALL_SET_GROWTH)
>>> count = 10000
```

```
>>> for i in range(0, count):
_ = sbf.add(i)

>>> (1.0 - (len(sbf) / float(count))) <= sbf.error_rate + 2e-18
True
```

这是在 Python 交互界面执行语句和对应结果的记录。首先从 pybloom-live 库中导入 BloomFilter 对象。然后初始化对象并赋值给对象 f，其中 capacity 代表数据总量，error_rate 则是误判概率。接着生成 0～9 的数字，并将数字依次添加到对象 f 中。接下来分别用数字 10 和数字 5 进行测试，由于数字 10 并不在 0～9 中，所以返回 False，而数字 5 在 0～9 中，所以返回 True。

为了方便阅读源码，接下来我们会使用到 PyCharm 编辑器。新建名为 read_pybloom_live.py 的文件，并将代码片段 3-7 写入文件中。

代码片段 3-7

```python
from pybloom_live import BloomFilter

# 初始化 BloomFilter 对象，设定容量为 1000，误判概率为 0.001
f = BloomFilter(capacity=1000, error_rate=0.001)
# 循环将 0～4 的数字添加到 vector 中，并打印返回结果
res = [f.add(x) for x in range(5)]
print(res)
# 单独将数字 4 添加到 vector 中，并打印返回结果
print(f.add(3))
# 判断数字 10 和数字 5 是否在 vector 中，并打印判断结果
print(10 in f)
print(5 in f)
```

代码片段 3-7 的运行结果如下：

```
[False, False, False, False, False]
True
14380
False
14380
False
```

初始化 BloomFilter 对象时，vector 中的所有位都是 0，将 0～4 的数字添加到 vector 中得到的结果是多个 False，代表这些元素都不是集合中的成员。将数字 3 添加到 vector 中时，由于 0～4 中已包含 3，那么经过散列函数运算后的下标对应的位置必定都是

1，所以返回 True，代表数字 3 是集合中的成员。这里用 in 关键字作为判断语句，散列函数运算数字 10 和数字 5 得到的位置中有 0，代表它们都不在集合中，所以返回的是 False。

这里关键的几个对象分别是 BloomFilter、add() 和 in，我们跟进 BloomFilter 对象的代码。先看它的对象结构：

```
| -- BloomFilter
     |-- __init__()
     |-- _setup()
     |-- __contains__()
     |-- __len__()
     |-- add()
     |-- copy()
     |-- union()
     |-- __or__()
     |-- intersection()
     |-- __and__()
     |-- tofile()
     |-- fromfile()
     |-- __getstate__()
     |-- __setstate__()
```

从 __init__() 方法开始，该方法的代码如下：

```
def __init__(self, capacity, error_rate=0.001):
    if not (0 < error_rate < 1):
        raise ValueError("Error_Rate must be between 0 and 1.")
    if not capacity > 0:
        raise ValueError("Capacity must be > 0")
    num_slices = int(math.ceil(math.log(1.0 / error_rate, 2)))
    bits_per_slice = int(math.ceil(
        (capacity * abs(math.log(error_rate))) /
        (num_slices * (math.log(2) ** 2))))
    self._setup(error_rate, num_slices, bits_per_slice,
capacity, 0)
    self.bitarray = bitarray.bitarray(self.num_bits,
endian='little')
    self.bitarray.setall(False)
```

从代码上看，初始化时会根据传入的 capacity 和 error_rate 计算出 vector 的长度，申请内存空间并用 setall() 方法将 vector 中所有位置的值设为 False。代码中的

self.bitarray 对象就是 vector，这里的 self._setup()方法的作用是设置一些初始值。接下来看看 add()方法，该方法的代码如下（代码中的中文注释是本书作者为了便于读者理解而加上的，代码原文中并没有中文注释）：

```python
def add(self, key, skip_check=False):
    bitarray = self.bitarray
    bits_per_slice = self.bits_per_slice
    # 将散列函数作用于传入的元素，返回的是生成器对象
    hashes = self.make_hashes(key)
    found_all_bits = True
    if self.count > self.capacity:
        raise IndexError("BloomFilter is at capacity")
    offset = 0
    for k in hashes:
        # 先判断对应位置是否为 1
        if not skip_check and found_all_bits and not
bitarray[offset + k]:
            found_all_bits = False
        # 设为 1
        self.bitarray[offset + k] = True
        offset += bits_per_slice

    if skip_check:
        self.count += 1
        return False
    elif not found_all_bits:
        self.count += 1
        return False
    else:
        return True
```

调用 add()方法时传入的参数在这里是 key，传入后调用 self.make_hashes()方法对 key 进行散列运算，并将返回的生成器对象赋值给 hashes。循环生成器对象 hashes，将 hashes 的每个元素 k 与 vector 中对应位置的值进行比较，如果对应位置的值不为 1 则将变量 found_all_bits 设为 False，反之则不改变值为 True 的 found_all_bits。无论 found_all_bits 的值是什么，都将对应位置的值设为 1。最后根据 skip_check 参数或者 found_all_bits 的值判断 key 是否为集合中的成员，并将判断结果返回给调用方。

接下来看看用于判断元素是否在集合中的 in 关键字，与之对应的方法是 __contains__()，该方法的代码如下：

```
def __contains__(self, key):
    bits_per_slice = self.bits_per_slice
    bitarray = self.bitarray
    # 将散列函数作用于传入的元素，返回的是生成器对象
    hashes = self.make_hashes(key)
    offset = 0
    for k in hashes:
        if not bitarray[offset + k]:
            return False
        offset += bits_per_slice
    return True
```

　　与 add()方法相比，__contains__()的逻辑和代码相对简单。同样，调用该方法时传入的参数在这里是 key，传入后调用 self.make_hashes()方法对 key 进行散列运算，并将返回的生成器对象赋值给 hashes。循环生成器对象 hashes，将 hashes 的每个元素 k与 vector 中对应位置的值进行比较，如果对应位置的值不为 1 则直接返回 False，反之则返回 True。

　　以上就是 pybloom-live 库的源码解读，现在你对 Bloom Filter 有了更进一步的了解。

　　从源码中得知，pybloom-live 是通过编程语言申请内存空间进行存储的，如果想要将存储介质换成 Redis，只需在初始化时改动 self.bitarray 对象即可。连接 Redis 后，使用 SETBIT 和 GETBIT 命令就可以进行位操作了。SETBIT 的语法为：

```
SETBIT key offset value
```

　　GETBIT 的语法为：

```
GETBIT key offset value
```

　　它们的具体用法示例如下：

```
> SETBIT bitarray 10086 1
(integer) 0

> GETBIT bitarray 10086
(integer) 1
```

　　有了这些基础，代表你拥有能够有效降低增量池时间复杂度和空间复杂度的能力。

　　如果你使用的是 Scrapy-Redis，想要在它的基础上降低空间复杂度，那么就需要对其进行一些改动。改动思路与本书提到的非常接近：

- 用 Redis 代替编程语言申请的内存空间。
- 用 SETBIT 命令将元素映射到 Redis 中。

知名技术博主崔庆才编写的 ScrapyRedisBloomFilter 库正是基于这几个技术点实现的，感兴趣的读者可以到 GitHub 上查看相关代码。

本节小结

本节我们讨论了增量池的时间复杂度和空间复杂度，并通过一些实验证明了猜想。相比 MySQL 和 MongoDB，Redis 的效率更高且时间复杂度更低。空间复杂度问题可以通过数据结构和算法解决，除了本书中所提到的 Bloom Filter 之外，还有很多数据结构和算法能够帮助我们达到相同的目的，感兴趣的读者可以通过搜索引擎查找相关资料。

3.3　Redis 的数据持久化

Redis 用内存作为存储空间，当发生断电、计算机自动重启等异常退出的情况时，存储在 Redis 中的数据也会消失。如果选用 Redis 作为增量池的存储空间，那么还需要了解一些与 Redis 数据持久化相关的知识和操作方法。

3.3.1　持久化方式的分类和特点

在设计之初，Redis 就已经考虑到了数据持久化的问题，官方提供了多种不同级别的数据持久化的方式：RDB 和 AOF。以下是二者的特点：

- RDB 持久化方式能够在指定的时间间隔对你的数据进行快照存储。
- AOF 持久化方式记录每次对服务器的操作，当服务器重启的时候会重新执行这些命令来恢复原始的数据。

你可以同时开启两种持久化方式，在这种情况下，当 Redis 重启的时候会优先载入 AOF 文件来恢复数据，这是因为采用 AOF 持久化方式保存的数据集要比 RDB 文件保存的数据集更完整。

如果你不知道该选择哪一种持久化方式，那我们就先来了解一下 AOF 持久化方式和 RDB 持久化方式有什么区别，以及各自有何优劣。学习完之后再来考虑该选择哪一种持久化方式。

首先我们来看一看官方对于两种持久化方式的优点描述，并进行对比，然后再看一看两种持久化方式的缺点描述。

RDB 持久化的过程如图 3-9 所示，可以看到这是内存与磁盘的数据交换。

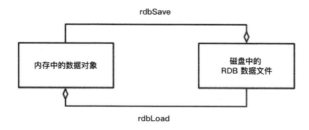

图 3-9　RDB 持久化的过程

RDB 持久化方式可以保存某个时间点的数据集，这使得它非常适用于数据集的备份。例如，你可以每个小时保存过去 24 小时内的数据，或者每天保存过去 30 天的数据，这样即使出了问题也可以根据需求恢复到不同版本的数据集。

RDB 持久化方式会生成一个紧凑的单一文件，很方便传送到另一个远端数据中心，这使得它非常适用于灾难恢复。RDB 持久化方式在保存 RDB 文件时，父进程唯一需要做的就是分出一个子进程，接下来的工作全部由子进程来做，父进程不需要再做其他 I/O 操作，所以 RDB 持久化方式可以最大化 Redis 的性能。

与 AOF 持久化方式相比，在恢复大的数据集的时候，RDB 持久化方式的速度会更快一些。

当 Redis 需要保存 dump.rdb 文件时，服务器执行以下操作：

（1）Redis 调用 forks，同时拥有父进程和子进程。

（2）子进程将数据集写入到一个新 RDB 文件中。

（3）当子进程完成对新 RDB 文件的写入时，Redis 用新 RDB 文件替换原来的 dump.rdb 文件，并删除旧的 dump.rdb 文件。

这种工作方式使得 Redis 可以从写时复制（copy-on-write）机制中获益。

AOF 持久化的过程如图 3-10 所示，它通过类似日志的形式记录了用户对 Redis 的操作。

图 3-10　AOF 持久化的过程

你可以使用不同的 fsync 策略，例如无 fsync、每秒 fsync、每次写的时候 fsync。使用默认的每秒 fsync 策略时 Redis 的性能依然很好，这是因为 fsync 由后台线程进行处理，主线程会尽力处理客户端请求，一旦出现故障，最多丢失 1 秒钟的数据。

AOF 文件是一个只进行追加的日志文件，即使由于某些原因（例如磁盘空间已满、写的过程中宕机等）未执行完整的写入命令，你也可以使用 redis-check-aof 工具修复这些问题。

Redis 可以在 AOF 文件体积变得过大时自动地在后台对 AOF 进行重写。重写后的新 AOF 文件包含了恢复当前数据集所需的最小命令集合。整个重写操作是绝对安全的，因为 Redis 在创建新 AOF 文件的过程中会继续将命令追加到现有的 AOF 文件里面，即使重写过程中发生停机，现有的 AOF 文件也不会丢失。而一旦新 AOF 文件创建完毕，Redis 就会从旧 AOF 文件切换到新 AOF 文件，并开始对新 AOF 文件进行追加操作。

AOF 文件有序地保存了对数据库执行的所有写入操作，这些写入操作以特定的格式保存，因此 AOF 文件的内容非常容易被人读懂，对文件进行分析也很轻松，导出 AOF 文件也非常简单。举个例子，如果你不小心执行了 FLUSHALL 命令，导致 Redis 中所有的数据都被删除，但只要 AOF 文件未被重写，那么只要停止服务器，然后移除 AOF 文件末尾的 FLUSHALL 命令并重启 Redis，就可以将数据集恢复到 FLUSHALL 执行之前的状态。

RDB 持久化方式可以保存过去一段时间内的数据，并且保存结果是一个单一的文件，这样我们就可以很轻松地将文件备份到其他服务器。在恢复大量数据的时候，RDB 的速度会比 AOF 的速度更快。

AOF 持久化方式默认每秒备份 1 次，频率很高。它的备份方式是以追加的方式记录写入日志，而不是数据，由于它的重写过程是按顺序进行追加的，所以它的文件内容非常容易读懂。我们可以在需要的时候打开 AOF 文件对其进行编辑，例如增加或删除某些记录，最后再执行恢复操作。

如果你希望在 Redis 意外停止工作的情况下丢失的数据最少的话，那么 RDB 不适合你。虽然你可以配置不同的 save 操作的时间点，例如每隔 5 分钟并且对数据集有 100 个写操作。Redis 要完整地保存整个数据集是一项比较繁重的工作，你通常会每隔 5 分钟或者更久的时间做一次完整的保存，万一 Redis 意外宕机，你可能会丢失几分钟或者更长时间内写入的数据。

RDB 需要经常分出子进程来保存数据集到硬盘上，所以当数据集比较大的时候，分出子进程的过程是非常耗时的。这有可能导致 Redis 响应延迟。

对于相同的数据集来说，AOF 文件的体积通常要大于 RDB 文件的体积。根据所使用的 fsync 策略，AOF 的速度可能会慢于 RDB。在一般情况下，每秒 fsync 的性能依然非常高，而关闭 fsync 可以让 AOF 的速度和 RDB 一样快，即使在高负荷之下也是如此。不过在处理巨大的写入/载入时，RDB 可以提供更有保证的最大延迟时间。

　　RDB 由于备份频率不高，所以在恢复数据的时候有可能丢失一小段时间的数据，而且在数据集比较大的时候有可能产生响应延迟的现象。

　　AOF 的文件体积比较大，由于保存频率很高，所以整体速度会比 RDB 慢一些，不过性能依旧很高。

3.3.2　RDB 持久化的实践

　　Redis 默认开启的持久化方式是 RDB。RDB 持久化的保存方式分为主动保存与被动触发。主动保存即在 redis-cli 中输入 save 命令。被动触发需要满足配置文件中设定的触发条件，触发条件可以在 Redis 的配置文件 redis.conf 中看到：

```
save 900 1
save 300 10
save 60 10000
```

其含义为：

- 服务器在 900 秒之内对数据库进行了至少 1 次修改。
- 服务器在 300 秒之内对数据库进行了至少 10 次修改。
- 服务器在 60 秒之内对数据库进行了至少 10000 次修改。

满足触发条件后，数据就会被保存为快照。正是因为这样的保存方式，才会有 RDB 的数据完整性比不上 AOF 的说法。触发保存条件后会在指定的目录生成一个名为 dump.rdb 的文件，等到下一次启动 Redis 时，Redis 就会读取该目录下的 dump.rdb 文件，并将里面的数据恢复到 Redis 中。

　　那么问题来了，这个目录在哪里呢？

　　我们可以在 redis-cli 中输入命令进行查看，对应的命令和返回结果如下：

```
> config get dir
1) "dir"
2) "/Users/async/Documents/Servers/redis-5.0.5"
```

　　返回结果中的"/Users/async/Documents/Servers/redis-5.0.5"就是存放 dump.rdb 文件的目录。

　　刚才提到 RDB 持久化分为主动保存与被动触发，现在我们来测试一下被动触发。启动 redis-server 和 redis-cli 后增添几条记录：

```
> set lca 1
OK
> set lcb 1
```

```
OK
> set lcc 1
OK
> set lcd 1
OK
> set lce 1
OK
> set lcf 1
OK
> set lcg 1
OK
> set lch 1
OK
> set lci 1
OK
> set lcj 1
OK
> set lck 1
OK
> set lcl 1
OK
> set lcm 1
OK
```

共添加了 13 条记录，查看键列表的命令和返回结果如下：

```
> keys *
 1) "lca"
 2) "lcd"
 3) "lcg"
 4) "lce"
 5) "lcb"
 6) "lcm"
 7) "lcf"
 8) "lci"
 9) "lcl"
10) "lcc"
11) "lck"
12) "lcj"
13) "lch"
```

然后发现启动 redis-server 的日志的终端窗口中出现了如下提示：

```
21971:M 21 Oct 2019 16:52:44.062 * 10 changes in 300 seconds.
Saving...
21971:M 21 Oct 2019 16:52:44.063 * Background saving started by
pid 22552
22552:C 21 Oct 2019 16:52:44.066 * DB saved on disk
21971:M 21 Oct 2019 16:52:44.165 * Background saving terminated
with
   success
```

根据提示信息我们得知：它检测到 300 秒内有 10 条记录被改动（也就是刚才添加的 13 条数据记录），满足 redis.conf 中对于 RDB 数据保存的条件，所以这里执行数据保存操作，并且提示开辟了一个 id 编号为 22552 的进程来执行保存操作，最后的 success 是提示我们保存成功。此时到对应的目录中查看，你会发现确实有一个名为 dump.rdb 的文件。

我们可以通过命令 kill-9 pid 模拟 Redis 异常关闭，然后再启动 Redis。看一看到底是只保存了 10 条记录还是 13 条记录。

```
> keys *
 1) "lcb"
 2) "lcj"
 3) "lcd"
 4) "lch"
 5) "lci"
 6) "lcc"
 7) "lcf"
 8) "lce"
 9) "lca"
10) "lcg"
```

重启后查看记录，发现 13 条记录中只有 10 条记录被保存。这也印证了之前所说的——RDB 持久化方式的数据完整性是不可靠的，除非断掉的那一刻正好是满足触发条件的条数。

刚才提到 RDB 是默认启用的，如果你不需要它可以在配置文件中将 3 个配置注释掉，并新增 save""即可。代码片段 3-8 展现了关闭 RDB 的配置。

代码片段 3-8

```
# save 900 1
# save 300 10
```

```
# save 60 10000
  save ""
```

需要注意的是，保存配置文件后需要重新启动 Redis 服务才会生效。现在我们来测试一下效果如何。先添加十几条记录，加上之前添加的，现在已有 20 余条记录了：

```
> keys *
 1) "lcb"
...
23) "lca"
24) "lcg"
```

同样通过 kill-9 pid 命令模拟 Redis 异常关闭。启动服务看一看数据是否还被保存：

```
> keys *
 1) "lcb"
 2) "lcj"
 3) "lcd"
 4) "lch"
 5) "lci"
 6) "lcc"
 7) "lcf"
 8) "lce"
 9) "lca"
10) "lcg"
```

返回结果说明刚才添加的那十几条记录并没有被保存，恢复数据的时候仅仅只是恢复了之前的 10 条。观察 redis-server 终端窗口并未发现像之前一样的触发保存的提示，证明 RDB 持久化方式已经被关闭。

通过配置文件关闭被动触发，那么用于主动保存的 save 命令是否还会生效呢？

在 redis-cli 中通过 del 命令删除几条记录，然后输入 save 命令执行保存操作：

```
> keys *
 1) "lcc"
 2) "lch"
 3) "lcb"
 4) "lci"
 5) "lce"
 6) "lcj"
 7) "lcg"
 8) "lca"
 9) "lcd"
```

```
10) "lcf"
> del lca lcb lcc
(integer) 3
> save
OK
```

可以看到 redis-server 终端窗口有新的提示：

```
22598:M 21 Oct 2019 17:22:31.365 * DB saved on disk
```

这代表数据已经保存。继续模拟异常关闭，再打开服务，看一看是否真的保存了这些操作：

```
> keys *
1) "lci"
2) "lcj"
3) "lcd"
4) "lcg"
5) "lcf"
6) "lce"
7) "lch"
```

果不其然，这几个删除操作都被保存了下来，恢复过来的数据中已经没有那 3 条记录了，证明主动保存命令 save 不受配置文件的影响。

Redis 提供了 save 和 bgsave 两种不同的保存方式，这两种方式在执行的时候都会调用 rdbSave 函数，但它们调用的方式和结果不同：

- save 直接调用 rdbSave 函数，这会阻塞 Redis 主进程，直到保存完成为止。在主进程阻塞期间，服务器不能处理客户端的任何请求。
- bgsave 则会分出一个子进程，子进程负责调用 rdbSave 函数，并在保存完成之后向主进程发送信号，通知保存已完成。因为 rdbSave 函数在子进程中被调用，所以 Redis 服务器在执行 bgsave 期间仍然可以继续处理客户端的请求。

这里可以理解为 save 是同步操作，bgsave 是异步操作。

两个命令的使用方法是一样的，在 redis-cli 终端窗口中输入 save 或 bgsave 即可。执行 bgsave 时，终端窗口会给出如下提示：

```
Background saving started
```

这说明备份操作已启动，它将在后台运行。

除了 save 和 bgsave 外，shutdown 命令也是可以保存数据的，它会在关闭前将数据保存下来。

以下是添加记录和执行 shutdown 命令的过程：

```
> set app 1
OK
> set apps 1
OK
> keys *
1) "apps"
2) "lcd"
3) "lcg"
4) "lcf"
5) "app"
6) "lce"
7) "lch"
> shutdown
not connected> quit
```

出现 not connected 说明 Redis 服务被关闭了，此时我们启动 Redis 服务，看一看是否生效：

```
> keys *
1) "lce"
2) "lcf"
3) "lcd"
4) "lch"
5) "lcg"
```

竟然没有生效，这是为什么呢？明明官方文档在 shutdown 命令的介绍中提到保存后才退出的，这次怎么保存失败呢？图 3-11 所示为 Redis 文档中对 shutdown 命令的介绍。

注意到文档中有一句：如果持久化被打开的话，SHUTDOWN 命令会保证服务器正常关闭而不丢失任何数据。

图 3-11　shutdown 命令介绍的截图

恍然大悟，原来是要在持久化被打开的情况下使用 shutdown 命令关闭才不会丢失数据。那么就到配置文件中将那几个 save 的配置项打开吧：

```
#   save ""
save 900 1
save 300 10
save 60 10000
```

然后开启 Redis 服务，再尝试一遍添加记录→执行 shutdown 命令→重启 Redis 服务→查看结果的过程，最终结果如下：

```
127.0.0.1:6379> keys *
1) "lce"
2) "lch"
3) "app"
4) "lcf"
5) "apps"
6) "lcd"
7) "lcg"
```

app 和 apps 出现在键名列表中，这说明保存成功。这下终于弄明白了！图 3-12 描述了与 RDB 持久化相关的方式和结果。

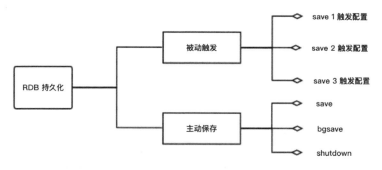

图 3-12　与 RDB 持久化相关的方式和结果

了解了 RDB 持久化之后，我们来看看 AOF 持久化。

3.3.3　AOF 持久化的实践

Redis 默认是不开启 AOF 的，如果想要启用它则需要更改 redis.conf 文件中的配置。在文件中找到 appendonly 一栏，将原来的 no 改为 yes。文件保存后重新启动 Redis，即开启了 AOF 持久化方式。

AOF 支持多种同步方式，它们分别是：

```
appendfsync always
appendfsync everysec
appendfsync no
```

对应的含义如下：

- always——每次有数据修改发生时都会写入 AOF 文件。
- everysec——每秒钟同步一次。
- no——从不同步。

always 较为安全，但是比较费事。everysec 是 AOF 的默认选择，相对安全但也有可能损失数据。no 不是我们想要的，因为它从不同步数据。

上面提到默认开启的是 everysec，你可以根据需求进行调整，例如将配置改成 always：

```
appendfsync always
# appendfsync everysec
# appendfsync no
```

Redis 设置有默认的文件名，在配置中显示为：

```
appendfilename "appendonly.aof"
```

你可以让其保持默认名字，也可以指定其他的文件名，例如：

```
appendfilename "sfhfpc.aof"
```

改动配置后需要重新启动 Redis 才会生效。添加几条记录后，我们去看一看在以.aof 为后缀的文件中所保存的内容。首先添加一些记录：

```
> set rng lpl
OK
> set ig lpl
OK
> set edg lpl
OK
> keys *
1) "edg"
2) "rng"
3) "ig"
```

成功地将 rng、ig、edg 添加到 Redis 中，此时前往指定目录（与上面提到的 dump.rdb 同级）中查看 sfhfpc.aof 文件：

```
$ cat sfhfpc.aof
*2
$6
SELECT
$1
0
*3
$3
set
$3
rng
$3
lpl
*3
$3
set
$2
ig
$3
lpl
*3
$3
set
$3
edg
$3
lpl
```

从文件内容中我们知道，每一次的数据添加都被记录下来了。那如果是删除操作呢，也会被记录下来吗？我们执行删除命令：

```
> del edg
(integer) 1
> keys *
1) "rng"
2) "ig"
```

删掉了 edg，此时再看看 sfhfpc.aof 文件中有没有相关的记录。发现在文件末尾几行记录了 del 操作：

```
del
$3
edg
```

这说明 AOF 确实是以日志的方式将操作记录下来的。

3.3.4　Redis 密码持久化

在默认情况下，Redis 的密码也不会被保存，这意味着如果你不设置密码，别人就能够连接到你的 Redis。这是一件危险的事，前些年出现过由此产生的大规模的 Redis 安全问题。临时密码可以通过 redis-cli 进行设置，对应命令如下：

```
config set requirepass sfhfpc
```

这段命令会为 Redis 设置内容为 sfhfpc 的密码，但 Redis 服务重启后密码就失效了，正确的做法应该是在 redis.conf 中设定密码。打开 redis.conf 后找到 requirepass 一栏，取消前面的注释符并将配置改为：

```
requirepass sfhfpc
```

保存后重新启动 Redis 即可。

本节小结

Redis 提供了 RDB 和 AOF 两种数据持久化的方式，本节我们通过一些实验了解了它们的特点和使用方法。从实验结果得知：Redis 默认不设置密码，也不会及时保存数据。如果你想更好地保护数据，那就需要根据文档进行一些设置。

以上就是 Redis 数据持久化的介绍，勤劳的你不妨动手试一试。

实践题

（1）安装 Redis 并开启 AOF 持久化。

（2）改造 pybloom-live，将它的存储介质替换为 Redis。

（3）在第 2 题的基础上编写一个 URL 增量爬虫程序，连续一周爬取电子工业出版社新闻资讯正文。

本章小结

增量爬取的类型在使用时要根据需求来选择。在 URL 增量方面，可以将待爬队列和增量池放到持久化的存储中，使得爬虫程序可以实现断点续爬、暂停和重开等功能。

当数据量变大的时候，我们不得不关心时间复杂度和空间复杂度的问题，数据结构和算法往往是解决这些问题的第一选择。

Redis 中的数据并不会及时保存，但我们可以通过更改一些设置达到数据保存的目的。

第 4 章
分布式爬虫的设计与实现

随着公司业务的推进，可能会需要更多的数据。假设数据总量是 1 亿条，单台计算机上爬虫程序的爬取数上限为 100 万条/天，那么完成任务所需要花费的时间就是 100 天。现在领导要求爬虫团队将数据爬取的时间缩短至 5 天。这时候爬虫团队就需要用更高的效率或更快的速度完成爬取任务。

解决这个问题的方法之一，就是增加计算机数量。既然时间要求缩短到之前的 1/20，那么爬虫团队所需的计算机数量则是之前的 20 倍。

这种多台计算机上的爬虫程序协同完成任务的组合，通常被称为分布式爬虫。

现在新的问题出现了：

- 如何让这么多计算机上的爬虫程序井然有序地协同工作？
- 如何避免这些爬虫程序做重复的工作？
- 分布式爬虫有哪些组合搭配？
- 如何根据业务情况选择多机爬虫的组合搭配？

带着这些问题，进入到本章的学习当中吧！

4.1 分布式爬虫的原理和分类

本节我们将通过示例代码来学习分布式爬虫的原理。然后了解它的分类和对应的适用场景。最后动手实践，探寻适合作为分布式爬虫共享队列的存储服务。

4.1.1 分布式爬虫的原理

我们知道，爬虫程序中有待爬队列和已爬队列，其中待爬队列中存储的是等待程序请求的 URL，而已爬队列则是程序已经请求过的 URL，队列如图 4-1 所示。

以 Python 语言为基础，单机爬虫程序通常用集合（Set）作为待爬 URL 和已爬 URL 的存储容器。集合不会存储重复的元素，这样一来，我们就不用担心一个 URL 被多次访问从而浪费时间的问题了。代码片段 4-1 模拟了单机爬虫程序中队列和 URL 的逻辑。

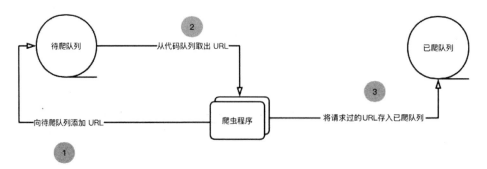

图 4-1　爬虫队列图示

代码片段 4-1

```
import requests


# 假设几个爬取目标的 URL
url1 = "http://*****.com?x=1"
url2 = "http://*****.com?x=2"
url3 = "http://*****.com?x=3"

# 初始化待爬队列 before 和已爬队列 after
before = set()
after = set()

# 模拟爬虫程序将 URL 存储到待爬队列
before.add(url1)
before.add(url2)
before.add(url3)

# 打印队列长度
print("未向目标 URL 发出请求时，待爬队列的长度为 %s，已爬队列的长度为 %s" %
(len(before), len(after)))

while len(before):
    # 模拟爬虫程序从待爬队列中取出 URL
    request_url = before.pop()
    # 模拟爬虫程序请求 URL
    resp = requests.get(request_url)
    # 模拟爬虫程序将 URL 放入已爬队列
    after.add(request_url)
```

```
# 打印队列长度
print("完成请求后, 待爬队列的长度为 %s, 已爬队列的长度为 %s" % (len(before),
len(after)))
```

代码运行后, 终端输出内容如下:

```
未向目标 URL 发出请求时, 待爬队列的长度为 3, 已爬队列的长度为 0
完成请求后, 待爬队列的长度为 0, 已爬队列的长度为 3
```

在单机爬虫程序中, 这两个队列是程序申请内存空间 (例如使用 set 函数或 queue 函数创建容器) 得来的。单机爬虫的队列有两个特点:

- 队列仅在程序运行时存在, 程序停止后内存空间自动释放, 那么队列也不复存在。
- 队列不与其他计算机的爬虫程序共享。

每台计算机上的爬虫程序都是各干各的, 没有配合的条件和机会。如果想要让多台计算机上的爬虫程序协同工作, 就要将这两个队列存储在一个 "公开" 的地方, 让每一台计算机上的爬虫程序都能够访问到这两个队列。分布式爬虫组合如图 4-2 所示。

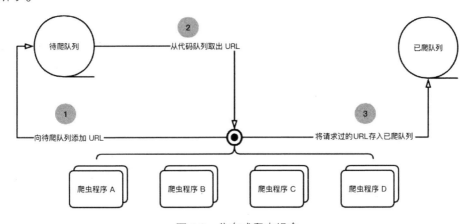

图 4-2 分布式爬虫组合

共享 URL 队列的设计, 使得爬虫程序 A、B、C、D 可以散布在同等数量的计算机上, 也可以一台计算机上拥有多个爬虫程序。无论如何分配计算机资源, 都不会影响多机协同工作。

从上面的例子可以看到, 分布式爬虫就是多个爬虫程序通过共享相同的 URL 队列, 以实现多机协同工作的组合搭配。

4.1.2　分布式爬虫的分类

从角色来看，分布式爬虫可以分为对等分布式和主从分布式两类。见名知义，对等分布式指的是分布式爬虫组合中多机角色相同，即每台计算机上的爬虫程序是相同的，爬虫程序的作用也是相同的。主从分布式可以抽象地理解为"分工合作"，例如一部分爬虫程序负责从列表页中获取详情页的 URL，另一部分爬虫程序负责爬取详情页的内容。

1. 对等分布式

图 4-3 描述了对等分布式爬虫组合，其中有 1、2、3、4、5 号计算机，in 代表爬虫程序将 URL 添加到待爬队列，out 代表爬虫程序将 URL 从待爬队列中取出。由于计算机中爬虫程序的功能相同，所以就算 4 号机掉线，也不会影响其他计算机中的爬虫程序。

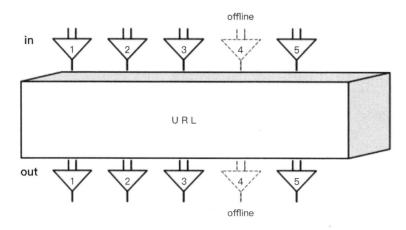

图 4-3　对等分布式爬虫组合

对等分布式爬虫组合方式有以下几个优点：

- 无论哪台计算机掉线，都不会影响其他计算机上的爬虫程序。
- 可以根据需求动态地增/删计算机和爬虫程序的数量。
- 个体性能可预测，任务总耗时和资源消耗可预测。

对等分布式爬虫适用于大部分爬虫场景，但要注意爬虫之间是否会产生重复率较高的行为，避免资源和时间的浪费。

对等分布式的另一种适用场景是爬取非递进关系的网站，例如通过遍历 id 就可以访问目标页内容的网站。

我们可以提前生成目标页的 URL，然后使用对等分布式爬虫从待爬队列中取出

URL 即可。图 4-4 描述了这样的场景和对应的组合。

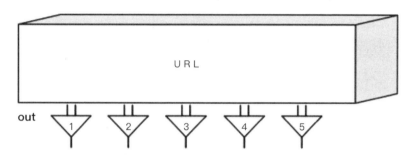

图 4-4　非递进关系的场景和对等分布式爬虫组合

了解了对等分布式之后，我们来看一看主从分布式爬虫组合。

2．主从分布式

图 4-5 描述了主从分布式爬虫组合，其中有 1、2、3、4 号计算机，in 代表爬虫程序将 URL 添加到待爬队列，out 代表爬虫程序将 URL 从待爬队列中取出。

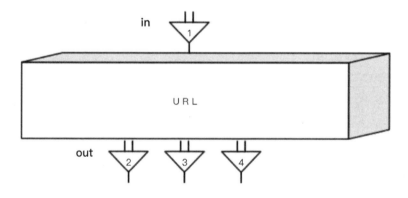

图 4-5　主从分布式爬虫组合

在这种组合搭配中，计算机中爬虫程序的功能不同，它们有各自的分工。假设 1 号计算机掉线，那么就会影响所有的爬虫程序，导致爬虫程序空跑。但如果掉线的是其他计算机，那只会影响整体的爬取进度，而不会发生空跑。

主从分布式爬虫组合方式有以下几个优点：

- 分工明确，可以有效控制资源消耗。
- 可以根据需求动态地增/删计算机和爬虫程序的数量。
- 个体性能可预测，任务总耗时和资源消耗可预测。

主从分布式爬虫适用于爬取递进关系的网站。例如，1 号计算机中的爬虫程序负责从目标网站的列表页中提取详情页的 URL，并添加到待爬队列；2、3、4 号计算机中的爬虫程序从待爬队列中取出 URL，并发出请求、抽取数据。

4.1.3　共享队列的选择

上面我们用代码模拟了单机爬虫和 URL 队列的关系，代码片段 4-1 中使用集合（Set）作为队列。那么分布式爬虫的 URL 队列该如何选择呢？它需要具备以下能力：

- 允许多机连接和访问。
- 能够自动"去重"。
- 存取速度快。
- 服务稳定。

图 4-6 描述了不去重和去重得到的结果。

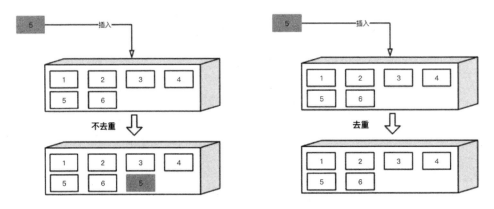

图 4-6　不去重和去重得到的结果

爬取量大则 URL 就多，需要用到的计算机数量也多。假设每天要存取的 URL 数量为 2 亿条，这时候就需要共享队列具备"存取速度快"和"服务稳定"的能力。从这个角度考虑，那么 MySQL、Redis、MongoDB 等常见的数据库都可以作为共享队列。

在 MySQL 中主要利用为字段添加 UNIQUE 约束实现去重，即在创建数据表时为 URL 字段添加 UNIQUE 约束。代码片段 4-2 描述了如何在 MySQL 中为指定的字段（url）添加 UNIQUE 约束。

代码片段 4-2

```
# MySQL
CREATE TABLE WaitCrawl
(
```

```
    id int NOT NULL,
    name varchar(255) NOT NULL,
    url varchar(255) NOT NULL,
    UNIQUE (url)
);
```

添加约束后，插入表中已有的数据时就会得到错误提示。代码片段 4-3 描述了在 MySQL 中插入重复字段的过程。

代码片段 4-3

```
# MySQL
> insert into WaitCrawl (id, name, url) VALUES (1, "exam",
"http://*****.com");
Query OK, 1 row affected (0.01 sec)
> insert into WaitCrawl (id, name, url) VALUES (2, "exam",
"http://*****.com");
ERROR 1062 (23000): Duplicate entry 'http://*****.com' for key
'url'
```

错误提示并不会中断 MySQL 服务，稳定性不受影响。我们可以在代码逻辑中处理这类错误，避免影响爬虫程序的稳定运行。

在 Redis 中主要利用集合（Set）或有序集合（Sorted Set）不会存储重复元素的特点实现去重，也就是说，Redis 中的集合和有序集合自带去重功能。代码片段 4-4 描述了向 Redis 中的集合 WaitCrawl 插入重复数据的过程。

代码片段 4-4

```
# Redis
# 插入数据
> SADD WaitCrawl mysql
(integer) 1
> SADD WaitCrawl redis
(integer) 1
> SADD WaitCrawl mongodb
(integer) 1
> SADD WaitCrawl sqlite
(integer) 1
> SADD WaitCrawl redis
(integer) 0
```

```
# 查询集合
> SMEMBERS WaitCrawl
1) "redis"
2) "sqlite"
3) "mongodb"
4) "mysql"
```

从插入结果可以看到，当插入集合中已有的元素时，返回的插入结果为 0。虽然插入了 2 次 "redis"，但最终集合 WaitCrawl 中只有 1 个 "redis"。

在 MongoDB 中实现去重的原理与在 MySQL 中相同，语法上略有差异，但去重效果是相同的。代码片段 4-5 描述了在 MongoDB 中插入重复字段的过程。

代码片段 4-5

```
# MongoDB
# 为集合 WaitCrawl 中的 url 创建 UNIQUE 约束
> db.WaitCrawl.ensureIndex({"url": 1}, {"unique": true});
{
    "createdCollectionAutomatically" : true,
    "numIndexesBefore" : 1,
    "numIndexesAfter" : 2,
    "ok" : 1
}
# 插入第 1 条数据
> db.WaitCrawl.insert({"name": "exam", "url": "http://*****.com"});
WriteResult({ "nInserted" : 1 })
# 插入第 2 条数据
> db.WaitCrawl.insert({"name": "exam", "url": "http://*****.com"});
WriteResult({
    "nInserted" : 0,
    "writeError" : {
        "code" : 11000,
        "errmsg" : "E11000 duplicate key error collection:
WaitCrawl.WaitCrawl index: url_1 dup key: { : \"http://*****.com\" }"
    }
})
# 插入第 3 条数据
> db.WaitCrawl.insert({"name": "exam", "url": "http://*****.com2"});
WriteResult({ "nInserted" : 1 })
# 查看集合 WaitCrawl 中的文档
> db.WaitCrawl.find();
{ "_id" : ObjectId("5dc3cd3cba05dc8f5eeac929"), "name" : "exam",
```

```
"url" : "http://*****.com" }
  { "_id" : ObjectId("5dc3cdb7ba05dc8f5eeac92b"), "name" : "exam",
"url" : "http://*****.com2" }
```

由于为 url 字段设置了 UNIQUE 约束，所以当第 1 条数据和第 2 条数据中的 url 重复时不会将数据插入，而是返回错误提示。第 3 条数据和第 1 条数据中的 url 不同，所以能够成功插入。

以上就是几种常见数据库的去重原理和方法。

有 Web 服务开发经验的读者可能会将分布式爬虫看作如图 4-7 所示的"生产者—消费者"模型。

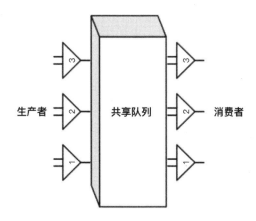

图 4-7　生产者—消费者模型

主从分布式，可以理解为一部分计算机负责"生产" URL，另一部分计算机负责"消费" URL。对等分布式，可以理解为每台计算机既"生产" URL 又"消费" URL。从这个角度考虑，那么 Kafka、RabbitMQ、RocketMQ 等常见的消息中间件也可以作为共享队列。

考虑到"存取速度快"、"易用"和"自动"的特点，大部分开发者选择 Redis 作为分布式爬虫的共享队列。需要注意的是，Redis 是将数据存储在内存中的，因此选择它作为共享队列时，要做好数据持久化。

本节小结

从角色来看，分布式可以细分为对等分布式和主从分布式。分布式爬虫的基础是队列，在众多可以公开访问的数据库中，Redis 更贴近我们的需求。

4.2　分布式爬虫库 Scrapy-Redis

实际上，爬虫工程师编写爬虫代码时很少会考虑"去重"的问题。首先，并不是所有爬虫程序都需要"去重"。例如，爬取资讯类站点的文章时，对应的爬取路线应该是：列表页—详情页。伪代码片段 4-6 模拟了这类爬取路线。

伪代码片段 4-6

```
import requests
# 假设页码 id 为递增数字
for i in range(20):
    # 构造列表页单页 URL
    page_url = "http://*****.com?page=%s" % i
    # 向列表页发出请求
    resp = requests.get(page_url)
    # 从返回结果中抽取详情页 URL
    url_list = [x for x in resp.text]
    for url in url_list:
        # 向详情页发出请求
        article = requests.get(url)
        # 拿到目标数据
        text = article.text
```

在这种爬取路线层层递进的场景中，只需要嵌套 for 循环即可完成任务，不存在"去重"的需求。

其次，为了应对复杂的爬取需求，很多爬虫框架自带"去重"功能。例如，Scrapy 框架使用 scrapy/utils/request.py 文件中的 request_fingerprint()方法计算请求信息的指纹。

代码片段 4-7 为 request_fingerprint()方法的完整代码。

代码片段 4-7

```
def request_fingerprint(request, include_headers=None):
    if include_headers:
        include_headers = tuple(to_bytes(h.lower())
                                for h in sorted(include_headers))
    cache = _fingerprint_cache.setdefault(request, {})
    if include_headers not in cache:
        fp = hashlib.sha1()
        fp.update(to_bytes(request.method))
        fp.update(to_bytes(canonicalize_url(request.url)))
```

```
        fp.update(request.body or b'')
        if include_headers:
            for hdr in include_headers:
                if hdr in request.headers:
                    fp.update(hdr)
                    for v in request.headers.getlist(hdr):
                        fp.update(v)
        cache[include_headers] = fp.hexdigest()
    return cache[include_headers]
```

这段代码的逻辑比较清晰，使用信息摘要算法 sha1 计算出本次请求的信息摘要，并将结果返回给调用方。参与信息摘要计算的元素有请求方法（request.method）、请求目标网址（request.url）和请求正文（request.body），请求头（request.headers）为可选项。

最终，调用方得到类似于'21f54b4634d361f218b5f35e879b5ca188064340'的信息摘要。

真正判断是否重复的代码在 scrapy/dupefilter.py 文件中，对应的方法名为 request_seen。代码片段 4-8 为 request_seen()方法的完整代码。

代码片段 4-8

```
def request_seen(self, request):
    fp = self.request_fingerprint(request)
    if fp in self.fingerprints:
        return True
    self.fingerprints.add(fp)
    if self.file:
        self.file.write(fp + os.linesep)
```

其中，self.fingerprints 的类型是集合。request_fingerprint()方法的调用方得到信息摘要后，判断该信息摘要是否存在于指纹集合 self.fingerprints 中，如果存在则返回 True，反之将其添加到指纹集合中，这个逻辑与图 4-6 得到的结果相似。

request_seen()方法的调用方只需要将请求对象 request 传入 request_seen()方法，就可以根据返回结果得出本次请求是否重复的结论，从而做出对应的处理，例如放弃本次请求。

4.2.1　Scrapy-Redis 的介绍和基本使用

Scrapy 框架本身并不支持分布式，但有开发者开源了一套适用于 Scrapy 框架的分布式"插件"。其实这也是一个开源库，它的名字叫作 Scrapy-Redis。见名知义，这是一个使用 Redis 作为共享队列的分布式"插件"。

它的安装也很简单，我们可以用 Python 的包管理工具安装它，对应命令如下：

```
pip install scrapy_redis
```

安装完成后，还需要进行一些配置。Scrapy-Redis 的使用指引如下：

（1）更改 settings.py 中的部分配置。

（2）创建一个 Scrapy 项目并生成一个爬虫，假设它叫作 MySpider。

（3）从 scrapy_redis.spiders 中引入 RedisSpider 对象，并将项目默认的 scrapy.Spider 替换成 RedisSpider。

（4）启动这个爬虫项目。

（5）将待爬取的起始 URL 添加到 Redis 中。

代码片段 4-9 描述了 Scrapy-Redis 的使用过程。

代码片段 4-9

```python
# 步骤1，更改 settings.py 中的配置
# 设置调度器
SCHEDULER = "scrapy_redis.scheduler.Scheduler"
# 设置去重器
DUPEFILTER_CLASS = "scrapy_redis.dupefilter.RFPDupeFilter"
# 更改管道器
ITEM_PIPELINES = {
    'scrapy_redis.pipelines.RedisPipeline': 300
}
# 设置队列
SCHEDULER_QUEUE_CLASS = 'scrapy_redis.queue.PriorityQueue'
# 设置 Redis 连接参数，其中包括用户名、密码、地址和端口号
REDIS_HOST = 'localhost'
REDIS_URL = 'redis://user:pass@hostname:9001'

# 步骤2，在终端执行
$ scrapy startproject Example
$ cd Example
$ scrapy genspider example example.com

# 步骤3
from scrapy_redis.spiders import RedisSpider
class ExampleSpider(RedisSpider):
    name = 'example'
        allowed_domains = ['example.com']
```

```
    def parse(self, response):
        # do stuff
        pass

# 步骤 4，在终端执行
$ scrapy runspider example.py

# 步骤 5，在 Redis-Client 执行
> lpush example:start_urls http://example.com
```

简单的几个步骤，就能够将单机爬虫变为可扩展的分布式爬虫。如果想要增加计算机和爬虫程序，就在其他计算机上重复步骤 1～4。需要注意的是，这种操作实现的分布式爬虫是对等分布式的。

在步骤 1 和步骤 2 中，我们替换了 Scrapy 原有的调度器、去重器和队列，这一切都是按照指引进行的，那么这些代码到底做了什么呢？

我们去源码中一探究竟！

4.2.2　去重器、调度器和队列的源码解析

步骤 1 中设置了新的去重器，它的路径为 scrapy_redis.dupefilter.RFPDupeFilter，对应的对象是 scrapy_redis/dupefilter.py 中的 RFPDupeFilter 类。RFPDupeFilter 的父类是 scrapy/dupefilter 中的 BaseDupeFilter 类，并重写了 request_seen()方法，也就是使用了新的去重方式。

RFPDupeFilter 中 request_seen()方法的完整代码如下：

```
def request_seen(self, request):
    fp = self.request_fingerprint(request)
    # This returns the number of values added, zero if already
exists.
    added = self.server.sadd(self.key, fp)
    return added == 0
```

从 request_seen()方法的源代码中可以发现，这里使用了 Redis 的集合来存储指纹，这与之前使用 Python 中的集合是不同的。指纹的计算方法并没有改变，依旧使用了 request_fingerprint()方法。我们可以在 return 处打上断点，然后按照指引启动爬虫程序。当程序运行到断点处时，看到变量 fp 的值为 628735d3a16b67b1dd5fbfbd10a15f2c28362bbd，此时在 Redis 中查看是否存在指纹集合，且指纹集合中的值是否与 fp 的值相同。Redis-Client 中的命令如下：

```
# Redis-Client
> keys *
1) "WaitCrawl"
2) "example:dupefilter"
3) "example:start_urls"
> SMEMBERS example:dupefilter
1) "628735d3a16b67b1dd5fbfbd10a15f2c28362bbd"
```

　　首先，使用 keys*命令查看键名列表，得到存储指纹的集合名称。然后使用 SMEMBERS 命令查看指定集合中的所有成员。在 Redis 中看到了与 fp 相同的值，这说明指纹存储在 Redis 中。

　　步骤 1 中还设置了新的调度器，它的路径为 scrapy_redis.scheduler.Scheduler，对应的对象是 scrapy_redis/scheduler.py 中的 Scheduler 类。Scheduler 类中有两个方法值得我们注意，一个是 enqueue_request()，另一个是 next_request()。这两个方法被添加到了一个无限循环的任务中，enqueue_request()方法用于检测是否有请求行为产生，并根据指纹和可选项（可选参数 dont_filter）决定是否将本次请求添加到待爬队列中。enqueue_request()方法的完整代码如下：

```
def enqueue_request(self, request):
    if not request.dont_filter and self.df.request_seen(request):
        self.df.log(request, self.spider)
        return False
    if self.stats:
            self.stats.inc_value('scheduler/enqueued/redis',
spider=self.spider)
    self.queue.push(request)
    return True
```

　　条件满足时，将 request 对象存储到待爬队列中，这里的待爬队列使用的是 Redis 中的有序集合（因为设置的队列类型是 PriorityQueue，即优先队列）。如果在 return True 处打断点，当程序运行到断点时，我们就可以在 Redis 中看到有序集合 example:requests。

　　next_request()方法的完整代码如下：

```
def next_request(self):
    block_pop_timeout = self.idle_before_close
    request = self.queue.pop(block_pop_timeout)
    if request and self.stats:
```

```
        self.stats.inc_value('scheduler/dequeued/redis',
spider=self.spider)
    return request
```

next_request()方法从有序集合中弹出一个 request 对象，并将 request 对象返回给调用方。也就是说，待爬队列的存和取都放在了 Redis 中，实现了多机共享。

除了优先队列 PriorityQueue 之外，Scrapy-Redis 还提供了可选的先进先出队列 FifoQueue 和先进后出队列 LifoQueue。这三种队列的源代码都在 scrapy_redis/queue.py 文件中，并且它们相同的父类 Base 也在该文件中。

父类 Base 完成了与 Redis 交互的基础，并定义了一些基本方法，同时约定了子类必须实现 push()、pop()和__len__()方法。

FifoQueue 类的完整代码如下：

```python
class FifoQueue(Base):
    """Per-spider FIFO queue"""

    def __len__(self):
        """Return the length of the queue"""
        return self.server.llen(self.key)

    def push(self, request):
        """Push a request"""
        self.server.lpush(self.key, self._encode_request(request))

    def pop(self, timeout=0):
        """Pop a request"""
        if timeout > 0:
            data = self.server.brpop(self.key, timeout)
            if isinstance(data, tuple):
                data = data[1]
        else:
            data = self.server.rpop(self.key)
        if data:
            return self._decode_request(data)
```

从代码中可以看到，在 push()方法中，往 Redis 插入数据时使用的是 lpush()命令，即将数据插入到列表的左边。而在 pop()方法中，从 Redis 中取出数据时用的是 rpop()命令，即从列表的右侧取数据。FifoQueue 类的数据存取如图 4-8 所示。

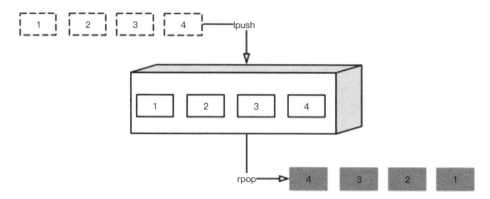

图 4-8　FifoQueue 类的数据存取示意图

取出数据时依次将先进入列表的数据取出，即先进先出。

LifoQueue 类的完整代码如下：

```python
class LifoQueue(Base):
    """Per-spider LIFO queue."""

    def __len__(self):
        """Return the length of the stack"""
        return self.server.llen(self.key)

    def push(self, request):
        """Push a request"""
        self.server.lpush(self.key, self._encode_request(request))

    def pop(self, timeout=0):
        """Pop a request"""
        if timeout > 0:
            data = self.server.blpop(self.key, timeout)
            if isinstance(data, tuple):
                data = data[1]
        else:
            data = self.server.lpop(self.key)

        if data:
            return self._decode_request(data)
```

LifoQueue 类与 FifoQueue 类的不同之处就在 pop()方法中。FifoQueue 类取数据时用的命令是 rpop()，而 LifoQueue 类取数据时用的命令是 lpop()。LifoQueue 类的数据存取如图 4-9 所示。

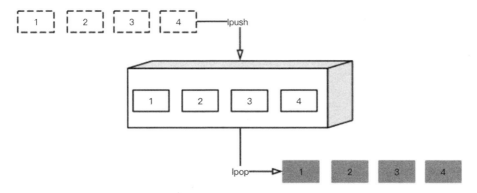

图 4-9 LifoQueue 类的数据存取示意图

取出数据时依次将后进入列表的数据取出，即后进先出。

PriorityQueue 类的完整代码如下：

```
class PriorityQueue(Base):
    """Per-spider priority queue abstraction using redis' sorted
set"""

    def __len__(self):
        """Return the length of the queue"""
        return self.server.zcard(self.key)

    def push(self, request):
        """Push a request"""
        data = self._encode_request(request)
        score = -request.priority
        self.server.execute_command('ZADD', self.key, score, data)

    def pop(self, timeout=0):
        pipe = self.server.pipeline()
        pipe.multi()
        pipe.zrange(self.key, 0, 0).zremrangebyrank(self.key, 0, 0)
        results, count = pipe.execute()
        if results:
            return self._decode_request(results[0])
```

从这段代码中可以看到，PriorityQueue 类的 push()方法往 Redis 插入数据时使用的是 ZADD 命令，即选择了 Redis 的有序集合来存储 request 对象。而从 Redis 中取数据时，使用的是 zrange()命令。Scrapy-Redis 将有序集合插入时设定的 score 作为优先级基础，这样我们就可以自行安排数据存取时的优先顺序了。

PriorityQueue 类的数据存取如图 4-10 所示。

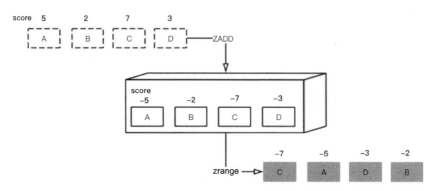

图 4-10   PriorityQueue 类的数据存取示意图

需要注意的是，push()方法中将 score 设置为 request 对象中 priority 值的相反数。由于 zrange()命令默认按照数据中 score 值从小到大的顺序返回，所以分数低的 request 对象就会排在靠前的位置，即优先级高的 request 对象会先被取出。

本节小结

从 Scrapy 到 Scrapy-Redis，即从单机爬虫到分布式爬虫，只需要将原来存储 URL 的内存切换成 Redis，这充分说明了分布式爬虫的核心是共享队列。

4.3   基于 Redis 的分布式爬虫

本节我们将通过两个项目来加深对主从分布式和对等分布式爬虫的理解。项目的目标是爬取电子工业出版社网上书店中图书排行榜栏目下所有分类的图书信息。图 4-11 所示为电子工业出版社网上书店图书排行榜栏目页（详见 https://www.phei.com.cn/module/publishinghouse/moresalseranking.jsp ）。

默认显示的是计算机类 2020 年发布的图书，我们点击任意一本图书，例如《数据驱动游戏运营》，进入到如图 4-12 所示的图书详情页（详见 https://www.phei.com.cn/module/goods/wssd_content.jsp?bookid=55427 ）。

详情页汇总的作译者、出版时间、页数、ISBN 和定价是爬虫程序的目标。

这是一种拥有递进关系的网站，从栏目页到列表页，再到详情页。如果采用对等分布式，那么程序会将栏目页 URL、列表页 URL 和详情页 URL 都放到待爬队列中，每个爬虫程序的作用都是相同的。如果采用主从分布式，那么主机上的爬虫程序负责将栏目页 URL 和列表页 URL 放入待爬队列，而从机上的爬虫程序则负责从待爬队列中取出 URL，向其发出请求并从响应内容中抽取数据即可。

图 4-11　排行榜栏目页

图 4-12　图书详情页

4.3.1　对等分布式爬虫的实现

项目代码在名为 ManySpider 的 GitHub 仓库中。ManySpider 项目的目录结构如下：

```
|-- ManySpider
```

```
|-- equals
       |-- details.py
|-- master-slave
       |-- master.py
       |-- slave.py
```

其中的 equals 代表的是对等分布式爬虫代码。项目所用的 Redis 是作者在本机启动的 Redis 服务，实际应用中需要使用多机可访问的 Redis 服务。details.py 文件中的代码，即对等分布式爬虫代码如下：

```python
import requests
import parsel
import redis


# 建立 Redis 连接
r = redis.Redis(host='localhost', port=6379, db=0)
# 提前设立待爬队列和已爬队列的名称
wait_key_name = "waits"
down_key_name = "downs"

# 进入栏目页
category = requests.get("https://www.phei.com.cn/module/
publishinghouse/moresalseranking.jsp")
category_html = parsel.Selector(category.text)
category_url = category_html.css("div.book_ranking_left li
a::attr('href')").extract()

# 拼接 URL 并逐条放入待爬队列中（Redis）
for half_url in category_url:
    url = "https://www.phei.com.cn" + half_url
    r.sadd(wait_key_name, url)

while True:
    # 从待爬队列中弹出一条 URL
    if not r.spop(wait_key_name):
        pass
    else:
        target = str(r.spop(wait_key_name), encoding="utf8")
        resp = requests.get(target)
        # 将请求过的 URL 放入已爬队列
        r.sadd(down_key_name, target)
```

```
# 使用 parsel 库解析响应正文
html = parsel.Selector(resp.text)
# 判断用于区分列表页和详情页
if "bookid" not in target:
    # 从列表页中提取详情页的 URL
    detail_url = html.css("div.book_ranking_list_area
span.book_title a::attr('href')").extract()
        for detail in detail_url:
            # 循环拼接详情页 URL，并添加到待爬队列
            d = "https://www.phei.com.cn" + detail
            r.sadd(wait_key_name, d)
    else:
        # 如果请求的是详情页，那么直接抽取数据即可
        title = html.css("div.content_book_info
h1::text").extract_first()
        author = html.css("div.content_book_info p:nth-
child(2)::text").extract_first()
        year = html.css("div.content_book_info p:nth-child(3)
span:first-child::text").extract_first()
        number = html.css("div.content_book_info p:nth-child(3)
span:nth-child(2)::text").extract_first()
        pages = html.css("div.content_book_info p:nth-child(3)
span:nth-child(3)::text").extract_first()
        price = html.css("div.content_book_info p.book_price
span::text").extract_first()
        # 打印书名和价格
        print(title, price)
```

在运行之前，需要安装用于连接 Redis 数据库的 redis 库、用于发出网络请求的 Requests 库和用于解析网页的 Parsel 库，使用 Python 的包管理工具 pip 进行安装即可。

代码导入了需要用到的 3 个库，先与 Redis 建立连接并提前设定待爬队列和已爬队列的名称。然后使用 Requests 库的 get()方法向栏目页的 URL 发出请求，使用 Parsel 库中的 Selector 对象解析网页内容并从中提取出列表页的 URL。接着循环刚才提取的列表页，由于 URL 不完整，所以这里需要将 URL 拼接完整后逐条放入待爬队列中。放入待爬队列使用的是 redis 库提供的 sadd()方法，对应的是 Redis 数据库的 SADD 命令，也就是将 URL 放到 Redis 数据库指定的集合中。

使用 while True 保持程序持续运行，这里用 redis 库中的 spop()方法从 Redis 数据库指定的集合中随机弹出一条 URL。由于 SPOP 命令返回的是 bytes 类型的数据，所

以这里需要转为 str 格式。考虑到如果 Redis 数据库指定的集合中没有数据，这种情况下返回的是 None，会导致 str()方法抛出异常，于是这里使用 if 语句来预防这样的异常产生。

如果弹出了 URL，那么就使用 Requests 库的 get()方法发出请求，同时将 URL 放入已爬队列。对于返回的响应正文，依旧使用 Parsel 库中的 Selector 对象对其进行解析。

待爬队列中既有列表页 URL 又有详情页 URL，如何让程序区分呢？

观察到详情页的 URL 中带有 bookid 关键字，例如《Spring Security 实战》一书的 URL 为：

```
https://www.phei.com.cn/module/goods/wssd_content.jsp?bookid=54574
```

而栏目页 URL 却没有 bookid 关键字，于是便将其作为区分栏目页和详情页的依据，用 if 语句进行判断。

如果判断本次请求的是栏目页，那么就从栏目页的列表处提取详情页的 URL。同样，在进行 URL 拼接后将完整的 URL 添加到 Redis 数据库指定的集合中。如果判断本次请求的是详情页，那么就从页面中抽取所需要的数据。

最后，在详情页数据抽取的代码末尾打印书名和价格，用于工程师判断数据的准确性。图 4-13 描述了 equals 结构下 URL 和 Redis 数据库的关系。

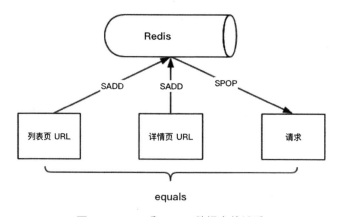

图 4-13　URL 和 Redis 数据库的关系

代码运行后，终端输出的结果如下：

```
向诸葛亮借智慧(含 DVD 光盘 1 张)      纸质书定价：￥28.0
简单的艺术      纸质书定价：￥29.9
常人之情绪:DISC 理论原型      纸质书定价：￥72.0
招投标法律法规适用研究与实践——投标文件编制要点与技巧      纸质书定价：￥53.0
```

曹操的启示 (含 DVD 光盘 1 张)　　　纸质书定价：￥39.0

… …

选择健康：营养篇 (珍藏版)　　　纸质书定价：￥28.0

工业互联网：技术与实践　　纸质书定价：￥55.0

在 redis-cli 中输入 keys* 命令，可以看到返回的键名列表中包含了我们设定的 waits 和 downs。此时用命令 SCARD waits 和 SCARD downs 可以查看到这两个集合中的元素数量：

```
> SCARD waits
(integer) 0
> SCARD downs
(integer) 102
```

如果待爬队列中还有 URL，那么就会返回对应的数字，反之则返回 0。由于已经爬取了很多页面，所以 downs 中必定会有元素，例如上面返回的数字 102。

4.3.2　主从分布式爬虫的实现

master-slave 代表的是主从分布式爬虫代码，master 负责获取栏目页的 URL 并将其添加到待爬队列，slave 负责从待爬队列中取出 URL。master.py 中的代码如下：

```python
import requests
import parsel
import redis


# 建立 Redis 连接
r = redis.Redis(host='localhost', port=6379, db=0)
# 提前设立待爬队列和已爬队列的名称
wait_key_name = "waits"
down_key_name = "downs"

# 进入栏目页
category = requests.get("https://www.phei.com.cn/module/
publishinghouse/moresalseranking.jsp")
category_html = parsel.Selector(category.text)
category_url = category_html.css("div.book_ranking_left li
a::attr('href')").extract()

# 拼接 URL 并逐条放入待爬队列中（Redis）
for half_url in category_url:
```

```
    url = "https://www.phei.com.cn" + half_url
    r.sadd(wait_key_name, url)
```

这部分代码其实就是从 details.py 中分离出来的。slave.py 中的代码如下：

```python
import requests
import parsel
import redis


# 建立 Redis 连接
r = redis.Redis(host='localhost', port=6379, db=0)
# 提前设立待爬队列和已爬队列的名称
wait_key_name = "waits"
down_key_name = "downs"

while True:
    # 从待爬队列中弹出一条 URL
    if not r.spop(wait_key_name):
        pass
    else:
        target = str(r.spop(wait_key_name), encoding="utf8")
        resp = requests.get(target)
        # 将请求过的 URL 放入已爬队列
        r.sadd(down_key_name, target)
        # 使用 parsel 库解析响应正文
        html = parsel.Selector(resp.text)
        # 判断用于区分列表页和详情页
        if "bookid" not in target:
            # 从列表页中提取详情页的 URL
            detail_url = html.css("div.book_ranking_list_area
span.book_title a::attr('href')").extract()
            for detail in detail_url:
                # 循环拼接详情页的 URL，并添加到待爬队列
                d = "https://www.phei.com.cn" + detail
                r.sadd(wait_key_name, d)
        else:
            # 如果请求的是详情页，那么直接抽取数据即可
            title = html.css("div.content_book_info
h1::text").extract_first()
            author = html.css("div.content_book_info p:nth-
child(2)::text").extract_first()
            year = html.css("div.content_book_info p:nth-child(3)
```

```
span:first-child::text").extract_first()
            number = html.css("div.content_book_info p:nth-child(3)
span:nth-child(2)::text").extract_first()
            pages = html.css("div.content_book_info p:nth-child(3)
span:nth-child(3)::text").extract_first()
            price = html.css("div.content_book_info p.book_price
span::text").extract_first()
            # 打印书名和价格
            print(title, price)
```

这部分代码也是从 details.py 中分离出来的。图 4-14 描述了 master-slave 结构下 URL 和 Redis 数据库的关系。

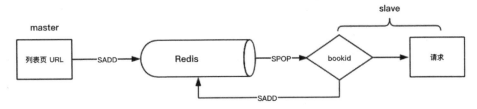

图 4-14　URL 和 Redis 数据库的关系

由于 slave 中使用了 while True 语句，slave 如果检测不到待爬队列中的 URL 就会空跑，所以程序启动时 master 和 slave 的先后顺序并不重要。

无论是 equals 结构还是 master-slave 结构，都可以添加多台计算机，由于使用了 Redis 集合作为待爬队列和已爬队列，所以我们并不需要担心会有重复爬取的情况出现。

本节小结

虽然 equals 和 master-slave 的结构不同，但是它们的代码相差并不大，这意味着我们可以根据需求随意切换模式而并不需要大幅改动代码。

4.4　基于 RabbitMQ 的分布式爬虫

RabbitMQ 是一款深受工程师喜爱的消息中间件，它是基于 Erlang 语言开发的。很多高级爬虫工程师都会将消息中间件加入分布式爬虫的设计中，因为它能让整个架构变得更清晰可控。本节我们将了解 RabbitMQ 的基本用法，然后基于 RabbitMQ 设计并实现主从分布式爬虫程序。

4.4.1 RabbitMQ 的安装和基本操作

根据 RabbitMQ 官网 install 页面的介绍，RabbitMQ 有两种可选的安装方式：

（1）使用 Package Cloud 或 Bintray 网站上提供的安装包安装 Erlang 和 RabbitMQ。

（2）从官网下载软件安装包，并自己动手安装。

官网强烈推荐第 1 种安装方式，这样可以避免因环境依赖或版本依赖导致的错误。RabbitMQ 基于 Erlang 语言开发，所以我们得先安装 Erlang。Package Cloud 为不同的操作系统提供了对应的安装脚本，这里以 CentOS 为例演示如何安装 RabbitMQ。

Package Cloud 给出的 Erlang 安装脚本下载命令为（使用时将*号替换为 Package Cloud 官网地址即可）：

```
curl -s https://*****.io/install/repositories/rabbitmq/erlang/
script.rpm.sh | sudo bash
```

命令执行后会从 Package Cloud 网站上下载 Erlang 语言的安装脚本并执行，这个脚本为我们后续安装 Erlang 语言提供了基础。然后用 Package Cloud 给出的 RabbitMQ 安装脚本下载命令准备 RabbitMQ 的安装基础，对应命令为（使用时将*号替换为 Package Cloud 官网地址即可）：

```
curl -s https://*****.io/install/repositories/rabbitmq/rabbitmq-
server/script.rpm.sh | sudo bash
```

命令执行完毕后我们就可以用 CentOS 中的 yum 命令安装 Erlang 语言和 RabbitMQ。首先安装 Erlang 语言：

```
$ yum install erlang
```

完成后安装 RabbitMQ：

```
$ yum install rabbitmq-server
```

安装完成后 RabbitMQ 并没有启动，我们需要通过命令启动它：

```
$ /sbin/service rabbitmq-server start
```

查看 RabbitMQ 运行状态的命令为：

```
$ rabbitmqctl status
```

命令执行后控制台会输出很多与 RabbitMQ 相关的信息：

```
Listeners
```

```
    Interface: [::], port: 25672, protocol: clustering, purpose: inter-
node and CLI tool communication
    Interface: [::], port: 5672, protocol: amqp, purpose: AMQP 0-9-1
and AMQP 1.0
```

其中的 Listeners 是我们要关注的重要信息，port:5672 代表 RabbitMQ 服务正常启动，对外端口为 5672。需要注意的是，RabbitMQ 需要开放多个端口，如果你在云服务器或自有服务器上安装 RabbitMQ，记得在安全组配置和防火墙应用中开放对应的端口。

RabbitMQ 自带一个名为 guest 的账户，该账户仅允许本地连接，外部连接将被告知无权。现在 RabbitMQ 安装在云服务器上，其他地方的计算机要想连接 RabbitMQ 就必须新建专用的用户并授予对应权限。RabbitMQ 的权限粗略分为 configure、read 和 write。如果是消费者，拥有 read 权限即可；如果是生产者，拥有 write 权限即可；管理员可以在 read 和 write 权限的基础上增加 configure 权限。新建名为 books、密码为 spider 的用户的命令为：

```
$ rabbitmqctl add_user books spider
Adding user "books" ...
```

查看用户列表的命令为：

```
$ rabbitmqctl list_users
user    tags
guest   [administrator]
books   []
```

用户 books 创建成功，但我们还未对其进行授权。可以看到内置用户 guest 是 administrator，我们可以通过 set_user_tags 将用户 books 也设为 administrator：

```
$ rabbitmqctl set_user_tags books administrator
Setting tags for user "books" to [administrator] ...
```

接着再次执行 list_users 命令查看用户列表：

```
$ rabbitmqctl list_users
Listing users ...
user    tags
guest   [administrator]
books   [administrator]
```

此时用户 books 已经是管理员了。接着用 rabbitmqctl list_permissions 查看 vhost 的权限：

```
$ rabbitmqctl list_permissions
Listing permissions for vhost "/" ...
user    configure       write   read
guest   .*      .*      .*
```

用户 books 并没有出现在权限列表中，这是因为权限列表默认显示 vhost 为 "/" 的用户权限。现在我们将用户 books 添加到 vhost 为 "/" 的节点：

```
$ rabbitmqctl set_permissions -p "/" books ".*" ".*" ".*"
Setting permissions for user "books" in vhost "/" ...
```

看起来已经设置成功了，我们再次执行 list_permissions 命令：

```
$ rabbitmqctl list_permissions
Listing permissions for vhost "/" ...
user    configure       write   read
books   .*      .*      .*
guest   .*      .*      .*
```

这些工作准备好之后，我们就可以在代码里连接 RabbitMQ 了。

RabbitMQ 官网文档为我们提供了良好的连接指引，同时为 Python 语言提供了很好的支持——连接库 Pika。接下来我们将通过 Pika 库演示如何用 Python 代码与 RabbitMQ 进行交互。首先用 Python 的包管理工具安装 Pika：

```
$ pip install pika
```

使用 Pika 库连接 RabbitMQ 时需要提供用户名、密码、vhost、端口号和 RabbitMQ 的 IP 地址，vhost 用默认的 "/" 即可。对应的连接代码为：

```
import pika
auth = pika.PlainCredentials("books", "spider")
# IP 地址请按照实际情况填写
connection = pika.BlockingConnection(pika.ConnectionParameters
('148.70.6*.5*', 5672, "/", auth))
```

连接代码写完后，我们需要调用 channel()方法为客户端和服务端创建消息信道：

```
channel = connection.channel()
```

图 4-15 描述了 RabbitMQ 多种组合方式中最简单的一种：一对一组合。

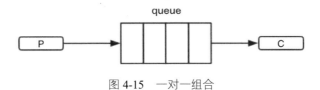

图 4-15　一对一组合

左侧的 P 代表生产者，右侧的 C 代表消费者，生产者发布的消息会存储在 RabbitMQ 的某个队列中，然后由 C 去消费。P 和 C 并没有联系，P 可以不停地生产消息并发布到 RabbitMQ 的某个队列中，就算 C 不消费也不会对 P 的生产造成任何影响，这样一来就实现了 P-C 的解耦。

在生产者发布消息之前，我们必须声明一个队列，否则消息将会被删除。创建队列的代码为：

```
channel.queue_declare(queue='message_box')
```

我们创建了一个名为 message_box 的队列，接着就可以编写一个生产者并发布消息了。对应的代码为：

```
message = "Hello, I'm a Producer"
channel.basic_publish(exchange='', routing_key="message_box",
body=message)
print(" [x] Sent '{}'".format(message))
connection.close()
```

这里编写了一条消息，接着调用 basic_publish()方法将其发布到队列，最后调用 close()方法关闭连接。代码运行后打印出：

```
[x] Sent 'Hello, I'm a Producer'
```

这说明消息已经发布了。现在消息存储在 RabbitMQ 的队列中，我们可以通过 list_queues 命令查看队列列表和对应的消息数量：

```
$ rabbitmqctl list_queues
Timeout: 60.0 seconds ...
Listing queues for vhost / ...
name    messages
message_box    1
```

我们来编写一个消费者，消费者从队列中取出消息的行为被称为消费。消费者也需要连接 RabbitMQ，所以上面的代码可以复用，这里演示消息的消费行为。假设现在消费者的连接代码和信道创建代码已编写好，那么我们只需要编写消费代码即可：

```
def callback(ch, method, properties, body):
    print(" [x] Received %r" % body)



channel.basic_consume(queue='message_box',
on_message_callback=callback, auto_ack=True)
    print(' [*] Waiting for messages. To exit press CTRL+C')
    channel.start_consuming()
```

按照 RabbitMQ 文档的指引，我们首先要创建一个在接收到消息后用于处理消息的回调函数 callback。然后调用 basic_consume()方法从指定的队列中消费消息，其中 queue 用于指定队列，on_message_callback 用于指定回调函数，auto_ack 用于确认消费。接着调用 start_consuming()方法开启一个无限循环，该循环等待队列 message_box 中的消息，并在消费后执行回调函数。代码运行结果如下：

```
[x] Received b"Hello, I'm a Producer"
```

消费者将队列 message_box 中的消息取出并在回调函数中处理。此时执行 list_queues 命令查看队列信息：

```
$ rabbitmqctl list_queues
Timeout: 60.0 seconds ...
Listing queues for vhost / ...
name    messages
message_box    0
```

由于消费者消费了消息，所以此时 message_box 中的消息数量为 0。

4.4.2   分布式爬虫的具体实现

刚才我们体验了 RabbitMQ 多种组合中最简单的一对一组合，如果想要将 RabbitMQ 应用到分布式爬虫中，我们可以使用如图 4-16 所示的 Work Queues 组合。

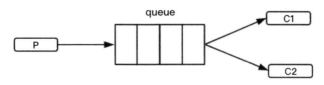

图 4-16   Work Queues 组合

现在我们将围绕第 1 章实践题第 1 题编写一款基于 RabbitMQ 分布式爬虫。在实践题开始之前我们要确定 Work Queues 组合能够正常工作，代码片段 4-10 为生产者 P

的完整代码，代码片段 4-11 为消费者 C 的完整代码。

代码片段 4-10

```
import pika


auth = pika.PlainCredentials("books", "spider")
connection = pika.BlockingConnection(pika.ConnectionParameters
('148.70.6*.5*', 5672, "/", auth))

channel = connection.channel()
channel.queue_declare(queue='message_box')
for i in range(5):
    channel.basic_publish(exchange='',
                          routing_key='message_box',
                          body='Hello World-{}'.format(i))
    print(" [x] Sent 'Hello World-{}'".format(i))
connection.close()
```

代码片段 4-11

```
import pika


def callback(ch, method, properties, body):
    print(" [x] Received %r" % body)


auth = pika.PlainCredentials("books", "spider")
connection = pika.BlockingConnection(pika.ConnectionParameters
('148.70.6*.5*', 5672, "/", auth))
channel = connection.channel()
channel.basic_consume(
    queue='message_box', on_message_callback=callback,
auto_ack=True)

print(' [*] Waiting for messages. To exit press CTRL+C')
channel.start_consuming()
```

　　此时我们在不同的两台计算机上运行消费者（记为 C1、C2），让消费者 C1 和消费者 C2 等待队列。当我们运行生产者 P 时，控制台输出内容如下：

```
[x] Sent 'Hello World-0'
[x] Sent 'Hello World-1'
[x] Sent 'Hello World-2'
[x] Sent 'Hello World-3'
[x] Sent 'Hello World-4'
```

这说明生产者 P 向 RabbitMQ 中的 message_box 队列发布了 5 条带有序号的消息。之前的例子中只有一个生产者和一个消费者，现在有了两个消费者，会发生什么呢？

消费者 C1 输出内容为：

```
[*] Waiting for messages. To exit press CTRL+C
[x] Received b'Hello World-0'
[x] Received b'Hello World-2'
[x] Received b'Hello World-4'
```

消费者 C2 输出内容为：

```
[*] Waiting for messages. To exit press CTRL+C
[x] Received b'Hello World-1'
[x] Received b'Hello World-3'
```

由此看来多个消费者之间的分配是有序的，也就是说不会出现一个消费者不堪重负，而另一个消费者消极怠工的情况。在确定 Work Queues 组合能够正常工作后，我们就可以设计爬虫程序的逻辑了。我们的设想是让一个生产者从电子工业出版社新闻资讯栏目列表页中获取详情页的 URL 并发布到 RabbitMQ 的队列中，然后开启两个消费者从 RabbitMQ 队列中消费 URL，即向详情页 URL 发出网络请求、从响应正文中提取数据并存储到 MongoDB 数据库中。

考虑到 RabbitMQ 和 MongoDB 的连接代码可以复用，我们将连接代码放到一个单独的文件中，然后将生产者和消费者的代码分别放在另外两个文件中。假设这个爬虫程序的名称叫作 dcspider，那么它的目录结构为：

```
|-- dcspider
  |-- common.py
  |-- producers.py
  |-- consumer.py
```

代码片段 4-12 为 common.py 中的完整代码，这些代码用于连接 MongoDB 数据库和 RabbitMQ。

代码片段 4-12

```
import pika
```

```
from pymongo import MongoClient

# 连接 RabbitMQ
auth = pika.PlainCredentials("books", "spider")
connection = pika.BlockingConnection(pika.ConnectionParameters
('148.70.6*.5*', 5672, "/", auth))
channel = connection.channel()
queue = "dcs"


# 连接 MongoDB
client = MongoClient('localhost', 27017)
db = client.news
detail = db.detail
```

　　代码片段 4-13 为 producer.py 中的完整代码，这些代码将从电子工业出版社新闻资讯栏目列表页中获取详情页的 URL 并发布到 RabbitMQ 的队列中。

代码片段 4-13

```
import requests
import parsel
from urllib.parse import urljoin
from common import channel, queue


urls = ["https://www.phei.com.cn/xwxx/index_{}.shtml".format(i)
for i in range(1, 46)]
urls.append("https://www.phei.com.cn/xwxx/index.shtml")


for url in urls:
    # 翻页爬取
    resp = requests.get(url)
    sel = parsel.Selector(resp.content.decode("utf8"))
    li = sel.css(".web_news_list ul li.li_b60")
    for news in li:
        link = news.css("a:first-child::attr('href')").extract_first()
        full_link = urljoin(url, link)  # 拼接完整 URL
        # 将新闻资讯详情页的 URL 发布到 RabbitMQ 队列
        channel.queue_declare(queue=queue)
        channel.basic_publish(exchange='',
                              routing_key=queue,
```

```
                              body='{}'.format(full_link))
        print("[x] Sent '{}'".format(urljoin(url, link)))
```

代码运行结果如下（其中的...代表省略部分内容）：

```
[x] Sent 'https://www.phei.com.cn/xwzx/2019-12-05/940.shtml'
[x] Sent 'https://www.phei.com.cn/xwzx/2019-12-04/937.shtml'
[x] Sent 'https://www.phei.com.cn/xwzx/2019-11-19/934.shtml'
...
```

看来新闻资讯详情页的 URL 都发布到队列里了，我们可以在安装 RabbitMQ 的计算机中执行 list_queues 命令查看队列情况：

```
rabbitmqctl list_queues
Timeout: 60.0 seconds ...
Listing queues for vhost / ...
name    messages
dcs     362
message_box    0
```

总共有 362 条消息，和页面显示的消息数相同。

现在我们需要编写消费者代码，这些代码将从 RabbitMQ 队列中消费 URL，并将爬取到的新闻资讯详情数据存储到 MongoDB 数据库中。代码片段 4-14 为 consumer.py 中的完整代码。

代码片段 4-14

```
import re
import requests
import parsel
from urllib.parse import urljoin
from common import channel, queue
from common import detail


def callback(ch, method, properties, body):
    url = str(body, "utf8")
    print(url)
    resp = requests.get(url)
    sel = parsel.Selector(resp.content.decode("utf8"))
    the_time = sel.css(".news_date::text").extract_first()
    pub_time = re.search("(\d+-\d+-\d+)", the_time).group(1)
    # 为保持文章排版和样式，保留标签
```

```
contents = sel.css(".news_content p").extract()
content = "\n".join(contents)
# 将文章数据存入 MongoDB
detail.insert_one({"pubTime": pub_time, "url": url, "content":
content})
```

```
channel.basic_consume(
    queue=queue, on_message_callback=callback, auto_ack=True)

channel.start_consuming()
```

我们可以启动两个或三个消费者，每个消费者都会打印它们从队列中获得的详情页 URL，例如：

```
https://www.phei.com.cn/xwzx/2016-09-22/737.shtml
https://www.phei.com.cn/xwzx/2016-09-05/735.shtml
https://www.phei.com.cn/xwzx/2016-08-26/733.shtml
https://www.phei.com.cn/xwzx/2016-08-26/731.shtml
```

现在去 MongoDB 看看，你会看到数据源源不断地存入 MongoDB。至此，第 1 章实践题第 1 题完成。

相对于 Redis 来说，消息中间件 RabbitMQ 更适合作为分布式架构中的共享队列。这是因为除了能够存储数据之外，RabbitMQ 还提供了丰富的组合，例如上面提到的一对一组合、Work Queues 组合，还有文档中列出的：

- Publish Subscribe
- Routing
- Topic
- RPC
- Publisher Confirms

实际业务场景中你可能会遇到很复杂的需求，例如有多个数据需求方（后端小组、编辑小组、分析小组和深度学习小组）向你索要数据。一对一组合和 Work Queues 组合无法满足这种场景下的需求，因为元数据只有一份，给了一个小组则其他小组就拿不到数据了，更合适的做法是采用如图 4-17 所示的 Publish Subscribe 组合。

如果编辑小组不再需要数据，那么取消订阅即可。反过来，如果其他小组想要数据，只需要添加订阅即可。虽然元数据只有一份，但 Publish Subscribe 组合会将数据广播给所有的订阅者，从而达到同时满足多个数据需求方的目的。

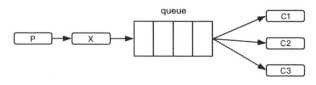

图 4-17   Publish Subscribe 组合

本节小结

很明显，基于 RabbitMQ 的 Work Queues 组合打造的分布式爬虫属于主从分布式，但我们只需要稍微改动代码就能够让它变成对等分布式。或许你还有很多疑问，例如：

- 如何保证消息被消费，而不会因为某个消费者宕机造成消息被丢弃？
- 如何保证消息持久性，而不会因为 RabbitMQ 宕机造成消息丢失？
- 如何保证消息按序依次派遣？
- 如何确保多个消费者的数据的一致性？

不用担心，这些在 RabbitMQ 的文档中都有介绍。现在，去 RabbitMQ 文档中寻找你要的答案吧！

实践题

（1）基于 Redis 打造一款对等分布式爬虫，爬取电子工业出版社网上书店中的所有图书。

（2）基于 RabbitMQ 打造一款主从分布式爬虫，爬取电子工业出版社网上书店中的所有图书。

（3）在第 2 题的基础上，为爬虫程序增加 URL 增量功能。

本章小结

本章我们通过一个例子切入需求，学习了分布式爬虫的原理和分类，了解到分布式爬虫的核心是将队列进行共享。在 4.1 节中，我们了解到作为分布式爬虫共享存储的基本要求，并动手做了几个实验，得出 Redis 比 MySQL 和 MongoDB 更适合的结论。在 4.2 节中，我们讨论了成熟的分布式爬虫库 Scrapy-Redis，通过阅读源码学习了它的设计思想和具体实现。在 4.3 节中，我们通过一个需求了解了对等分布式和主从分布式爬虫的具体实现，以及它们的关系和差异。在 4.4 节中，我们学习了消息中间件 RabbitMQ 的基本用法，并基于 RabbitMQ 实现了一个主从分布式爬虫。

理论和设计你都已经掌握了，现在你缺少的是实践，去完成实践题吧！

第 5 章
网页正文自动化提取方法

以往我们讨论的都是针对单个网站的聚焦爬虫，每个网站的页面在解析时都需要有一套对应的解析规则。以图 5-1 为例，这是资讯类门户网站中的一篇关于英雄联盟赛事规则的文章。

图 5-1　赛事规则文章

我们可以参照图 5-1 绘制出如图 5-2 所示的网页布局结构图。

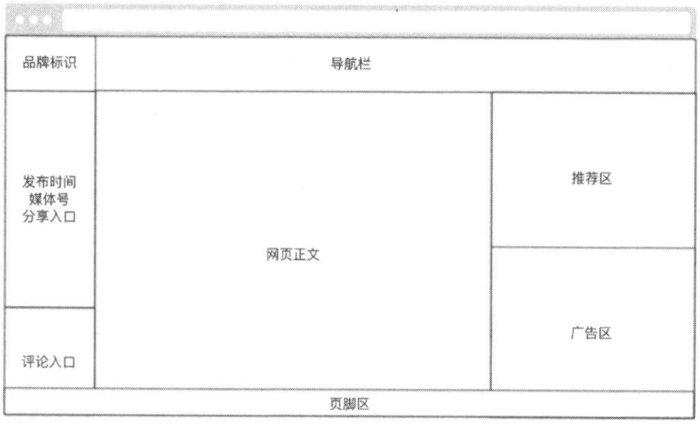

品牌标识	导航栏	
发布时间 媒体号 分享入口	网页正文	推荐区
评论入口		广告区
页脚区		

图 5-2　网页布局结构

在视觉上，我们可以轻松地判断网页正文所在的区域。在代码层面，可以通过浏览器开发者工具中的 Elements 面板定位网页正文的具体位置：

```
<div class="content-article">
        ... ...
</div>
```

然后借助网络请求工具向目标网址发出网络请求，并从响应正文中提取网页正文。对应的伪代码如下：

```
# 伪代码
import requests
from parsel import Selector

# 向目标网址发出 GET 请求
resp = requests.get("http://www.*****.com/article/87ke20zr.html")
# 将响应正文交给网页解析器
text = Selector(resp.text)
# 根据定位提取网页正文
txt = text.css("div.content-article")
```

这种针对性很强的网页正文提取方法效果非常好。但这种方法也有很大的局限性：一套内容提取规则只适用于一个网站。

这种一对一的聚焦爬虫远不能满足资讯类爬虫团队的需求，这类爬虫团队每天要从数十个甚至上百个网页中提取网页正文，并且还要应对网页改版带来的提取异常。如果继续采用"一对一适配"这种方法，那么耗费的人力成本和时间成本将是巨大的。

爬虫团队希望拥有一套如图 5-3 所示的提取规则。

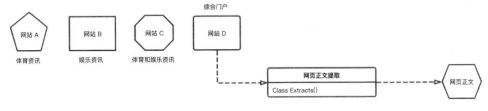

图 5-3　提取规则

无论哪个网站的网页，也无论是娱乐资讯还是体育资讯，都能够准确地从网页中提取网页正文，甚至一并提取标题、作者和发布时间等信息。

看到这里，你不禁会问：真有这样的网页正文提取规则吗？

当然！不仅有这样的规则，而且还有多种不同的实现方法。本章我们就来学习网页正文提取的相关知识吧！

5.1　Python Readability

Readability 是一款网页净化产品，它的主要作用是清除网页正文周围那些"混乱"的内容，帮助人们将精力聚焦在有价值的内容上。Readability 是开源的，由此衍生出了不同语言的版本，例如 Golang 和 Python。python-readability 是 Readability 众多衍生版本中获得较多开发者青睐的一款 Python 库，在 GitHub 仓库中，它的 star 数量超过了 1700 个。

python-readability 的安装指引和使用示例可以在它 GitHub 仓库的 README.md 文件中找到。我们可以通过 Python 的包管理工具安装它，对应命令如下：

```
$ pip install readability-lxml
```

完成库的安装后，我们可以将某条资讯的网页 HTML 代码保存在本地，以便对 python-readability 的实用性进行测试。假设将图 5-1 中关于英雄联盟赛事规则文章的网页 HTML 代码保存在名为 lol 的 HTML 文档中，根据 python-readability 的示例，我们不难写出针对 lol.html 的网页正文提取代码：

```python
from readability import Document


with open("lol.html", "r") as file:
    # 读取指定文件中的文本内容
    content = file.read()

# 初始化 Document 对象
doc = Document(content)
# 打印文章标题
print(doc.title())
# 打印网页正文
print(doc.summary())
```

代码运行后输出的结果如下：

```
英雄联盟德杯出现三队同分逼出最有争议规则 LNG 赢得最快却无缘晋级
<html><body><div><div class="content-article">
        <p class="one-p">在英雄联盟德玛西亚杯第一天的比赛，因为队伍的实
```

力比较接近并且打得难解难分，最终导致出现三队同分的情况，在比较了相互对战记录和比赛用时之后，RNG 幸运地晋级，而 LNG 和 OMG 则不幸被淘汰出局，这次规则也堪称是有史以来最为复杂的一次。</p>

```
                <p class="one-p"><img src="//inews.*****.com
/newsapp_bt/0/11031232332/1000" class="content-picture"/>
                </p>
                <p class="one-p">
```
在这次小组赛结束之后，除了 JDG 是四战全胜以及 YM 四战全败之外，另外三支队伍 RNG、LNG 和 OMG 都是 2-2 的成绩。因为只有小组前两名才能获得晋级机会，这也使得三支同分的队伍中会产生一支晋级的队伍，而因为成绩都是 2-2，并且相互对战成绩都是 1-1，使得比赛将通过比较获胜场次的平均用时来决出胜利。</p>

```
                <p class="one-p"><img src="//inews.*****.com
/newsapp_bt/0/11031232342/1000" class="content-picture"/>
                </p>
                <p class="one-p"><img src="//inews.*****.com
/newsapp_bt/0/11031232338/1000" class="content-picture"/>
                </p>
                <p class="one-p">
```
通过获胜场次比赛用时对比，LNG 获胜的平均时间只有 28 分钟，而 RNG 是 30 分钟 26 秒，OMG 是 30 分钟 51 秒，最终 OMG 因为比 LNG 的用时超过 150 秒而提前被淘汰出局，而 RNG 和 LNG 只有 146 秒的差距，少于规定的 150 秒，将对比胜负关系，最终 RNG 得以胜利晋级到下一轮的比赛。</p>

```
                <p class="one-p"><img src="//inews.*****.com
/newsapp_bt/0/11031232346/1000" class="content-picture"/>
                </p>
                <p class="one-p">
```
在结果出来之后，因为 LNG 获胜时间最短却未能获得晋级引起争议，而按照规则 LNG 仅仅比晋级线多用了 4 秒的时间，结果导致需要对比胜负关系并错失了晋级的机会。而这次规则也堪称有史以来最复杂的规则之一，也引起很多玩家热议，特别是对比了获胜时长，还要对比胜负关系，对于 LNG 来说自己赢得最快却没能得到晋级机会，实在是有点难受。很多粉丝认为合理的方式，应该是通过加赛来决出晋级的队伍要更为妥当一些。</p>

```
                </div></body></html>
```

输出结果的第一行是资讯标题，从第二行开始到结束的内容是网页正文。将输出结果与 Elements 面板中定位的网页正文相比，发现它们是完全相同的，也就是说，python-readability 准确地从网页中提取出了网页正文。我们再试试其他网站的提取，部分资讯的资讯标题和网页正文提取结果如下：

```
今年铁路春运已售车票超 1 亿张 农历小年车票已开售
<html><body><div><div class="post_text" id="endText">
                <p class="otitle">
                        （原标题：今年铁路春运已累计售出车票超 1 亿张，农历小年
车票已开售）
                </p>
```

```
                    <p class="f_center"><img alt="铁路春运售票开启以来,
铁路部门已累计售出车票达 1.02 亿张。" src="http://cms-bucket.ws.***.net
/2019/12/20/8d1179e631104713a478f538353bc0fc.jpeg"/></p><p>铁路春运售
票开启以来,铁路部门已累计售出车票达 1.02 亿张。</p><p>12 月 20 日,新闻记者从中国
国家铁路集团有限公司方面了解到,12 月 19 日,铁路春运售票进入第八日,铁路部门开始发
售农历小年,即 2020 年 1 月 17 日(腊月廿三)车票,当日全国铁路共售出车票 1384.3 万
张,其中铁路 12306 网售出 1180.6 万张、电话订票售出 0.8 万张,铁路 12306 网售票占总
售票量的 85.3%。铁路春运售票开启以来,铁路部门已累计售出车票达 1.02 亿张。</p><p>
铁路 12306 网售出的车票中,网站售出 212.8 万张,占网售车票的 18.0%;手机客户端售出
967.9 万张,占网售车票的 82.0%。候补购票订单兑现 18.9 万笔,车票 22.8 万张,昨日已
发列车车票候补兑现率达 77.0%。</p><p>铁路部门提示,目前旅客购买 2020 年 1 月 17 日
车票热门方向为:北京至沈阳、太原、郑州、成都;上海至北京、郑州、西安、重庆;广州至
南宁、贵阳。部分热门方向仍有少量余票,其他方向余票充足,旅客朋友可及时购买。</p><p>
铁路部门提示,请通过铁路唯一官网 www.12306.cn 和"铁路 12306"App 购买车票,避免非
正常渠道购票带来的风险。</p><p>
    </p>
                    <p/>
                    <div class="ep-source cDGray">
                        <span class="ep-editor">责任编辑:史建磊
_NBJ11331</span>
                    </div>
                </div>
            </div></body></html>
```

另一篇资讯的资讯标题和网页正文提取结果如下:

国乒第一冠! 王曼昱/朱雨玲 3-1 日本天才组合夺冠, 日本女双遭团灭

```
<html><body><div><div class="content-article">
            <p class="one-p">北京时间 3 月 7 日, 国际乒联卡塔尔公开赛继续进
行,在女双决赛中,王曼昱/朱雨玲发挥出色,3-1 击败日本天才组合长崎美柚/木原美悠夺冠,
帮助国乒拿下本次比赛的第一冠! </p>
            <p class="one-p"><img src="//inews.*****.com
/newsapp_bt/0/11420497799/1000" class="content-picture"/>
            </p>
            <p class="one-p">本次卡塔尔公开赛,因为疫情等原因的影响,包括韩
国队在内的多支代表队退赛,所以在双打项目上,彻底变成了中日对决,在女双方面,国乒本
次派出了丁宁/陈梦和王曼昱/朱雨玲两对组合参赛,但是在前面比赛中,丁宁/陈梦 2-3 爆冷
输给了林叶/于梦雨出局。</p>
            <p class="one-p">王曼昱/朱雨玲成了国乒的独苗,好在半决赛中,她们
顶住了日本奥运组合石川佳纯/平野美宇的反扑,最终 3-2 惊险取胜晋级决赛,她们决赛的对
手是长崎美柚/木原美悠,后者曾是去年乒联总决赛的冠军,在决赛中更是击败了孙颖莎/王曼
昱夺冠。</p>
```

```
            <p class="one-p"><img src="//inews.*****.com
/newsapp_bt/0/11420497800/1000" class="content-picture"/>
            </p>
            <p class="one-p">今天第一局，中国组合进入状态非常快，两个大角度
积极调动对手，开局取得 5-1 领先，不过中局阶段，日本组合顽强追近比分，将比分追至 4-
6，不过局末阶段，中国组合再度发力，连续拿到 5 分，以 11-4 拿下第一局。</p>
            <p class="one-p"><img src="//inews.*****.com
/newsapp_bt/0/11420497801/1000" class="content-picture"/>
            </p>
            <p class="one-p">第二局，王曼昱/朱雨玲乘胜追击，开局取得 4-2 领
先，不过日本组合也打得非常顽强，始终紧咬比分，但是在 6-6 后，日本组合连续拿分拉开比
分，最终以 11-7 扳回一局，将比分追成 1-1。</p>
            <p class="one-p">第三局，中国组合积极调整，在中局阶段始终保持 2
分左右的领先，局末阶段，日本组合抢发球，连追 2 分，逼迫中国队请求暂停，重新回到场上，
中国组合顶住压力，11-8 拿下，取得 2-1 领先。</p>
            <p class="one-p">第四局，日本组合背水一战，开局取得 4-1 领先，中
局阶段，中国组合奋力追分，将比分追至 5-6，逼迫日本组合请求暂停，重新回到场上，中国
组合越战越勇，最终逆转拿下这一局，3-1 夺冠！</p>
            <p id="Status"/>
        </div>
    </div></body></html>
```

经过多次测试发现，用 **python-readability** 提取出来的网页正文结构清晰、内容完整，能够满足资讯类爬虫团队的需求。

5.2 基于文本及符号密度的网页正文提取方法

从上一节的内容中我们了解到，**python-readability** 可以帮助我们从内容繁杂的 Web 网页中提取出标题和网页正文，勤学好问的你一定有很多不解之处，例如：

- 如何提取出网页中的文字内容呢？
- 如何判断哪部分是网页正文？
- 如何将广告或者导航信息排除在外？
- 如何清除一些不必要的内容？

跟你有相同疑问的人很多，其中不乏优秀学子。武汉邮电科学研究院的洪鸿辉、丁世涛、黄傲和郭致远等几位硕士研究生（以下称研究人员）对此进行了多次实验和研究，最终得出一套正确率高达 99%的网页正文提取方法，并基于该课题发表了一篇论文《基于文本及符号密度的网页正文提取方法》。

论文中提到了网页正文提取系统设计、基于文本密度的提取方法、文本密度计算

公式、基于文本密度与符号密度的提取方法和符号密度计算公式。研究人员设计的系统框架如图 5-4 所示。

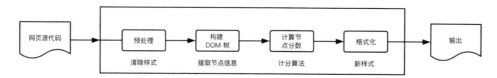

图 5-4　系统框架

该系统输入数据为网页的 HTML 代码，HTML 代码将经历如下处理过程：

（1）预处理，去除 JavaScript 代码和 CSS 样式代码。

（2）构建 DOM 树。

（3）计算出每个节点中的变量数据。

（4）计算节点分数，找出分数最大的节点。

（5）文本格式化。

最终输出的内容就是提取出来的网页正文。

第 1 步，预处理。预处理的过程比较简单，删除掉 HTML 代码中 script 标签和 style 标签中包裹着的内容即可，这部分工作可以通过正则表达式完成。

第 2 步，构建 DOM 树。DOM 树的构建过程并不难，论文第 2.2 节（基于文本密度提取）中提到：每个网页都可以被解析成一颗 DOM 树，所有的标签都是节点，而文字和图片等都是叶子节点。

例如代码片段 5-1 中的标签对应的 DOM 树如图 5-5 所示。

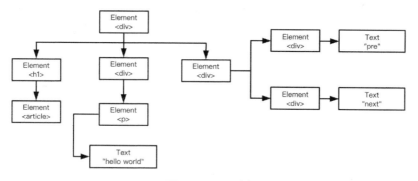

图 5-5　DOM 树

代码片段 5-1

```
<div class="box">
    <h1 class="title">article</h1>
    <div id="content">
```

```
        <p> hello world</p>
    </div>
    <div class="foot">
        <a> pre</a>
        <a> next </a>
    </div>
</div>
```

第 3 步，计算出每个节点中的变量数据。这里主要是计算节点文本的密度。研究人员认为，文章标题通常包裹在 h 标签中，而正文则会包裹在 p 标签中，a 标签和 span 标签则包裹在 p 标签中，也就是说，无论 p 标签中包裹着什么内容，都将被视为正文。假设 i 为 DOM 树的一个节点，那么该节点的文本密度 TD_i 的计算公式如图 5-6 所示。

$$TD_i = \frac{T_i - LT_i}{TG_i - LTG_i}$$

图 5-6　文本密度 TD_i 的计算公式

其中：

- T_i 为节点 i 的字符串字数。
- LT_i 为节点 i 的带链接的字符串数。
- TG_i 为节点 i 的标签数。
- LTG_i 为节点 i 的带链接的标签数。

研究人员认为，如果一个节点的纯文字比带链接的文本字数明显要多的时候，根据图 5-6 中的公式就可以判定该节点的文本密度很大，从而判断该节点是否为正文的一部分。论文提到，在计算文本密度之前应该先对网页进行预处理，例如移除 JavaScript 代码、CSS 样式代码和 IFrame 等。根据 W3C 标准得知网页的主体内容在 body 标签中，遂以 body 标签作为根节点构建 DOM 树。构建的 DOM 树与文本密度的关系如图 5-7 所示。

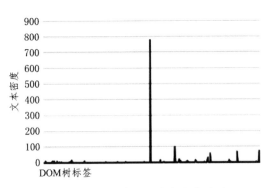

图 5-7　DOM 树与文本密度的关系

第 4 步，计算节点分数。研究人员认为只将文本密度作为判断条件是不够的，于是建立了一个如图 5-8 所示的评分模型。

$$score = log(SD)*ND_i*log10(PNum_i+2)$$

图 5-8　评分模型

其中：

SD 为节点文本密度的标准差。

ND_i 为节点 i 的文本密度。

$PNum_i$ 为节点 i 的 p 标签数。

第 5 步，文本格式化。这个阶段可以根据需求选择保留 HTML 标签或者只保留纯文字。

根据图 5-8 中的评分模型对一个网页进行提取，提取结果如图 5-9 所示。

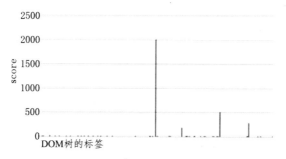

图 5-9　提取结果

研究人员从不同的资讯类门户网站中各下载了 1500 个网页，然后使用评分模型从网页中提取正文，最终的正确率约为 96%。

虽然评分模型的结果已经很好了，但研究人员希望能够进一步提高正确率。研究人员观察后发现网页正文中基本都会有标点符号，而网页链接和广告信息中的文字较少且通常没有标点符号。假设 SbD_i 为一段文字中的符号密度，Sb_i 为符号数量，那么 SbD_i 的计算公式如图 5-10 所示。

$$SbD_i = \frac{T_i - LT_i}{Sb_i + 1}$$

图 5-10　SbD_i 的计算公式

符号密度指的是文字数量与符号数量的比值。根据研究人员的经验，通常正文的 SbD_i 会比非正文要大，非正文可能没有符号。由于非正文字数较少，所以在相同字数下它的 SbD_i 相对正文来说就会比较小。以此为据，研究人员调整了评分模型，新的评分模型如图 5-11 所示。

$$score = log(SD)*ND_i*log10(PNum_i+2)*log(SbD_i)$$

图 5-11　新的评分模型

在新评分模型的基础上，网页正文提取的正确率达到了 99%。经过仔细比对和核查，研究人员认为不准确的那 1% 是空格数量不同，但网页正文中的文字所差无几。

以上就是论文《基于文本及符号密度的网页正文提取方法》的相关介绍，感兴趣的读者可以前往《电子设计工程》杂志社官网阅读原文。

5.3　GeneralNewsExtractor

爬虫业内对网页正文的提取方法一直都有研究，《基于文本及符号密度的网页正文提取方法》公开后便有不少开发者将其作为参考。昵称为青南的 Python 开发者在偶然间发现了这篇论文，在仔细研读后用 Python 语言实现了论文中描述的网页正文提取库，这个 Python 开源库的名字叫作 GeneralNewsExtractor。

本节我们将围绕着 GeneralNewsExtractor 开展，首先学习 GeneralNewsExtractor 的基本使用方法，然后通过断点调试的方式阅读其源码。

5.3.1　GeneralNewsExtractor 的安装和使用

在论文描述的网页正文提取方法的基础上，青南还扩展了标题、发布时间和文章作者的自动化探测与提取功能。GeneralNewsExtractor 的安装指引和使用示例可以在它 GitHub 仓库的 README.md 文件中找到。我们可以通过 Python 的包管理工具安装它，对应命令如下：

```
pip install gne
```

根据 GeneralNewsExtractor 的示例，我们不难写出针对 lol.html 的网页正文提取代码：

```
from gne import GeneralNewsExtractor

with open("lol.html", "r") as file:
    # 读取指定文件中的文本内容
    content = file.read()

# 初始化对象
extractor = GeneralNewsExtractor()
# 调用 extract() 方法提取网页正文
result = extractor.extract(content)
```

```
# 打印提取结果
print(result)
```

代码运行后输出结果如下：

```
{'title': '英雄联盟德杯出现三队同分逼出最有争议规则 LNG 赢得最快却无缘晋级',
'author': '', 'publish_time': '2019-12-20 6:20:01', 'content': '在英
雄联盟德玛西亚杯第一天的比赛，仅为队伍的实力比较接近并且打得难解难分，最终导致出现
三队同分的情况，在比较了相互对战记录和比赛用时之后，RNG 幸运的晋级，而 LNG 和 OMG 则
不幸被淘汰出局，这次规则也堪称是有史以来最为复杂的一次。\n 在这次小组赛结束之后，除
了 JDG 是四战全胜以及 YM 四战全败之外，另外三支队伍 RNG、LNG 和 OMG 都是 2-2 的成绩。
因为只有小组前两名才能获得晋级机会，这也使得三支同分的队伍中会产生一支晋级的队伍，
而因为成绩都是 2-2，并且相互对战成绩都是 1-1，使得比赛将通过比较获胜场次的平均用时
来决出胜利。\n 通过获胜场次比赛用时对比，LNG 获胜的平均时间只有 28 分钟，而 RNG 是
30 分钟 26 秒，OMG 是 30 分钟 51 秒，最终 OMG 因为比 LNG 的用时超过 150 秒而提前被淘
汰出局，而 RNG 和 LNG 只有 146 秒的差距，少于规定的 150 秒，将对比胜负关系，最终 RNG
得以胜利晋级到下一轮的比赛。\n 在结果出来之后，因为 LNG 获胜时间最短却未能获得晋级
引起争议，而按照规则 LNG 仅仅比晋级线多用了 4 秒的时间，结果导致需要对比胜负关系并错
失了晋级的机会。而这次规则也堪称有史以来最复杂的规则之一，也引起很多玩家热议，特别
是对比了获胜时长，还要对比胜负关系，对于 LNG 来说自己赢得最快却没能得到晋级机会，实在
是有点难受。很多粉丝认为合理的方式，应该是通过加赛来决出晋级的队伍要更为妥当一些。',
'images': ['//inews.*****.com/newsapp_bt/0/11031232332/1000',
'//inews.*****.com/newsapp_bt/0/11031232342/1000',
'//inews.*****.com/newsapp_bt/0/11031232338/1000',
'//inews.*****.com/newsapp_bt/0/11031232346/1000']}
```

输出的结果是一个字典，其中：

- title 键对应的值是资讯标题。
- author 键对应的是作者。
- publish_time 键对应的是文章的发布时间。
- content 键对应的是网页正文。
- images 键对应的是文章中用到的图片资源路径。

与 python-readability 不同的是，GeneralNewsExtractor 抽取到的网页正文默认不保留 HTML 标签，也不保留文章中用到的图片资源路径。需要注意的是，这与实际需求或开发者个人倾向有关，并不影响提取正确率。

这里将 content 键对应的值与 Elements 面板中定位的网页正文相比，发现它们是完全相同的，也就是说，GeneralNewsExtractor 准确地从网页中提取出了网页正文。

除此之外，GeneralNewsExtractor 还允许用户指定资讯标题的 xpath 路径，确保能够提取到资讯标题。指定资讯标题 xpath 的示例如下：

```
result = extractor.extract(html, title_xpath='//h5/text()')
```

当然，如果页面中出现了评论等文字密度较高的内容，可以通过向 extract()方法传入 noise_node_list 的方式来应对，对应的示例如下：

```
result = extractor.extract(html, noise_node_list=
['//div[@class="comment-list"]'])
```

其中，noise_node_list 对应的是评论区的 xpath 路径。

上面提到，GeneralNewsExtractor 抽取到的网页正文默认不保留 HTML 标签和文章中用到的图片资源路径，但我们可以通过向 extract()方法传入 with_body_html 的方式来应对，对应的示例如下：

```
result = extractor.extract(content, with_body_html=True)
# 打印提取结果
print(result['body_html'])
```

只要将 with_body_html 设为 True，带有 HTML 标签和图片资源路径的网页正文就保留下来了，取值时指定键名为 body_html 即可。对应的返回结果如下：

```
<div class="content-article">
        <!--导语-->
        <p class="one-p">在英雄联盟德玛西亚杯第一天的比赛，仅为队伍的实
力比较接近并且打得难解难分，最终导致出现三队同分的情况，在比较了相互对战记录和比赛
用时之后，RNG 幸运的晋级，而 LNG 和 OMG 则不幸被淘汰出局，这次规则也堪称是有史以来
最为复杂的一次。</p>
        <p class="one-p"><img src="//inews.*****.com
/newsapp_bt/0/11031232332/1000" class="content-picture"/>
        </p>
        <p class="one-p">在这次小组赛结束之后，除了 JDG 是四战全胜以及
YM 四战全败之外，另外三支队伍 RNG、LNG 和 OMG 都是 2-2 的成绩。因为只有小组前两名才
能获得晋级机会，这也使得三支同分的队伍中会产生一支晋级的队伍，而因为成绩都是 2-2，
并且相互对战成绩都是 1-1，使得比赛将通过比较获胜场次的平均用时来决出胜利。</p>
        <p class="one-p"><img src="//inews.*****.com
/newsapp_bt/0/11031232342/1000" class="content-picture"/>
        </p>
        <p class="one-p"><img src="//inews.*****.com
/newsapp_bt/0/11031232338/1000" class="content-picture"/>
        </p>
        <p class="one-p">通过获胜场次比赛用时对比，LNG 获胜的平均时间只
有 28 分钟，而 RNG 是 30 分钟 26 秒，OMG 是 30 分钟 51 秒，最终 OMG 因为比 LNG 的用时
超过 150 秒而提前被淘汰出局，而 RNG 和 LNG 只有 146 秒的差距，少于规定的 150 秒，将
```

对比胜负关系，最终 RNG 得以胜利晋级到下一轮的比赛。</p>
　　　　　　 <p class="one-p"><img src="//inews.*****.com
/newsapp_bt/0/11031232346/1000" class="content-picture"/>
　　　　　　 </p>
　　　　　　 <p class="one-p">在结果出来之后，因为 LNG 获胜时间最短却未能获得
晋级引起争议，而按照规则 LNG 仅仅比晋级线多用了 4 秒的时间，结果导致需要对比胜负关系
并错失了晋级的机会。而这次规则也堪称有史以来最复杂的规则之一，也引起很多玩家热议，
特别是对比了获胜时长，还要对比胜负关系，对于 LNG 来说自己赢得最快却没能得到晋级机
会，实在是有点难受。很多粉丝认为合理的方式，应该是通过加赛来决出晋级的队伍要更为妥
当一些。</p>
　　 </div>

　　更多关于 GeneralNewsExtractor 的用法和知识可前往 GeneralNewsExtractor 项目
的 GitHub 仓库查看。

5.3.2　GeneralNewsExtractor 的源码解读

　　既然 GeneralNewsExtractor 是根据《基于文本及符号密度的网页正文提取方
法》一文的描述而编写的开源库，那我们就可以通过阅读 GeneralNewsExtractor 的
源码加深对这种网页正文提取方法的理解，同时也可以学习到如何将论文变成具
体的代码。

　　提示：考虑到开源库的代码变动较为频繁，为了保证读者的阅读质量，大家可以
在微云分享区寻找编号为 56Iaxvg 的项目，该项目为本书使用的 GeneralNewsExtractor
项目。

　　以官方示例代码为例，用快捷键 Ctrl/Command+鼠标左键跟进
GeneralNewsExtractor 对象的代码，代码片段 5-2 为 GeneralNewsExtractor 对象的完整
代码。

代码片段 5-2

```
from .utils import pre_parse, remove_noise_node
from gne.extractor import ContentExtractor, TitleExtractor,
TimeExtractor, AuthorExtractor


class GeneralNewsExtractor:
    def extract(self, html, title_xpath='', noise_node_list=None,
with_body_html=False):
        element = pre_parse(html)
        remove_noise_node(element, noise_node_list)
```

```
            content = ContentExtractor().extract(element, with_body_html)
            title = TitleExtractor().extract(element,
title_xpath=title_xpath)
            publish_time = TimeExtractor().extractor(element)
            author = AuthorExtractor().extractor(element)
            result = {'title': title,
                     'author': author,
                     'publish_time': publish_time,
                     'content': content[0][1]['text'],
                     'images': content[0][1]['images']}
            if with_body_html:
                result['body_html'] = content[0][1]['body_html']
            return result
```

在调用 extract()方法时，我们需要传入 HTML 代码，传入的 HTML 代码赋值给变量 html。首先，调用 pre_parse()方法将 HTML 代码中的标签转换为节点，并进行轻度的去噪处理——去除换行符，返回的是一个 Element 对象。然后调用 remove_noise_node()方法删除指定的节点，这里就是允许用户删除指定节点内容的代码，例如删除文字密度较大的评论区内容。接着调用 ContentExtractor 对象中的 extract()方法从网页中提取正文，提取结果中是否保留 HTML 标签的选择也是在这个阶段进行的。代码片段 5-3 是 ContentExtractor 对象中的 extract()方法的完整代码。

代码片段 5-3

```
    def extract(self, selector, with_body_html=False):
        body = selector.xpath('//body')[0]
        for node in iter_node(body):
            node_hash = hash(node)
            density_info = self.calc_text_density(node)
            text_density = density_info['density']
            ti_text = density_info['ti_text']
            text_tag_count = self.count_text_tag(node, tag='p')
            sbdi = self.calc_sbdi(ti_text, density_info['ti'],
density_info['lti'])
            images_list = node.xpath('.//img/@src')
            node_info = {'ti': density_info['ti'],
                        'lti': density_info['lti'],
                        'tgi': density_info['tgi'],
                        'ltgi': density_info['ltgi'],
                        'node': node,
                        'density': text_density,
```

```
                      'text': ti_text,
                      'images': images_list,
                      'text_tag_count': text_tag_count,
                      'sbdi': sbdi}
        if with_body_html:
            body_source_code                                       =
unescape(etree.tostring(node).decode())
            node_info['body_html'] = body_source_code
        self.node_info[node_hash] = node_info
    std = self.calc_standard_deviation()
    self.calc_new_score(std)
    result = sorted(self.node_info.items(), key=lambda x:
x[1]['score'], reverse=True)
    return result
```

与论文中描述的一样，这里选择 body 标签作为根节点。循环根节点中的每个子节点，并在循环过程中执行以下处理：

- 计算节点文本的密度。
- 计算节点文本中 p 标签的数量。
- 计算节点文本中的符号数量和符号密度。
- 将 img 标签存入列表。
- 构造节点信息。
- 将节点信息存入字典。

用于计算节点文本密度的方法名为 calc_text_density，代码片段 5-4 为 calc_text_density() 方法的完整代码。

代码片段 5-4

```
def calc_text_density(self, element):
    """
    根据公式：

            Ti - LTi
    TDi = -----------
            TGi - LTGi


    Ti: 节点 i 的字符串字数
    LTi: 节点 i 的带链接的字符串数
    TGi: 节点 i 的标签数
```

```
    LTGi: 节点 i 的带链接的标签数


    :return:
    """
    ti_text = '\n'.join(self.get_all_text_of_element(element))
    ti = len(ti_text)
    lti = len(''.join(self.get_all_text_of_element
(element.xpath('.//a'))))
    tgi = len(element.xpath('.//*'))
    ltgi = len(element.xpath('.//a'))
    if (tgi - ltgi) == 0:
        return {'density': 0, 'ti_text': ti_text, 'ti': ti, 'lti':
lti, 'tgi': tgi, 'ltgi': ltgi}
    density = (ti - lti) / (tgi - ltgi)
    return {'density': density, 'ti_text': ti_text, 'ti': ti,
'lti': lti, 'tgi': tgi, 'ltgi': ltgi}
```

这里调用名为 get_all_text_of_element 的方法获取节点中的文本，在调用 join()方法之后，得到的结果如下（其中...代表省略部分内容）：

```
要闻
娱乐
...
育儿
历史
政务
正在阅读：
英雄联盟德杯出现三队同分逼出最有争议规则 LNG 赢得最快却无缘晋级
一键登录
英雄联盟德杯出现三队同分逼出最有争议规则 LNG 赢得最快却无缘晋级
2019
12
/
22
08
:
20
游戏城会玩 2017
企鹅号
在英雄联盟德玛西亚杯第一天的比赛，仅为队伍的实力比较接近并且打得难解难分，最终
```

导致出现三队同分的情况，在比较了相互对战记录和比赛用时之后，RNG 幸运的晋级，而 LNG 和 OMG 则不幸被淘汰出局，这次规则也堪称是有史以来最为复杂的一次。

在这次小组赛结束之后，除了 JDG 是四战全胜以及 YM 四战全败之外，另外三支队伍 RNG、LNG 和 OMG 都是 2-2 的成绩。因为只有小组前两名才能获得晋级机会，这也使得三支同分的队伍中会产生一支晋级的队伍，而因为成绩都是 2-2，并且相互对战成绩都是 1-1，使得比赛将通过比较获胜场次的平均用时来决出胜利。

通过获胜场次比赛用时对比，LNG 获胜的平均时间只有 28 分钟，而 RNG 是 30 分钟 26 秒，OMG 是 30 分钟 51 秒，最终 OMG 因为比 LNG 的用时超过 150 秒而提前被淘汰出局，而 RNG 和 LNG 只有 146 秒的差距，少于规定的 150 秒，将对比胜负关系，最终 RNG 得以胜利晋级到下一轮的比赛。

在结果出来之后，因为 LNG 获胜时间最短却未能获得晋级引起争议，而按照规则 LNG 仅仅比晋级线多用了 4 秒的时间，结果导致需要对比胜负关系并错失了晋级的机会。而这次规则也堪称有史以来最复杂的规则之一，也引起很多玩家热议，特别是对比了获胜时长，还要对比胜负关系，对于 LNG 来说自己赢得最快却没能得到晋级机会，实在是有点难受。很多粉丝认为合理的方式，应该是通过加赛来决出晋级的队伍要更为妥当一些。

相关推荐

换一换

进入广告

广告被拦截插件误伤啦，

1

秒后播放

关闭拦截插件恢复正常

详情点击

VIP 可关闭广告

我知道了！

意见反馈

...

drm

false

本地日志

点击下载

/

...

厂长刚转教练就遇到麻烦事，在韩服惹怒众选手，Doinb：看到就挂机

IG 使出"杀手锏"！JKL 离队或出现转机？LPL 顶级辅助加入！

IG 管理层又被骂了！Rookie 直播每 40 秒卡一次，粉丝气得爆破官博

用户

...

3.4.40 (2019-12-20 6:20:01 PM)

提示：由于 get_all_text_of_element()方法在 for 循环中被调用，所以每次断点获得的文本都有可能不同。

从结果中可以看出，网页中大部分标签包裹着的内容都不长。其中最长的显然是响应正文，但下方推荐阅读处的内容也不短。然后计算几个关键参数的值，它们分别是 Ti、LTi、TGi 和 LTGi。接着根据论文中的文本密度公式计算出节点文本的密度。最后将这些关键参数和文本密度存入字典并返回给调用方。

回到 ContentExtractor 对象的 extract()方法中，在计算出文本密度后又调用名为 count_text_tag 的方法计算节点中的 p 标签数量。接着调用名为 calc_sbdi 的方法计算节点中符号的数量和密度，代码片段 5-5 为 calc_sbdi()方法的完整代码。

代码片段 5-5

```
def calc_sbdi(self, text, ti, lti):
    """
            Ti - LTi
    SbDi = --------------
            Sbi + 1

    SbDi：符号密度
    Sbi：符号数量

    :return:
    """
    sbi = self.count_punctuation_num(text)
    sbdi = (ti - lti) / (sbi + 1)
    return sbdi or 1  # sbdi 不能为 0，否则会导致求对数时报错
```

上面的代码调用了名为 count_punctuation_num 的方法来计算文本中的标点符号数量，其实是用 for 循环和 if in 语句判断字符是否存在于预设的标点符号集合中。预设的标点符号集合为：

```
set('''！，。？、；：""''《》%（）,.?:;'"!%()''')
```

这里包含了常见的逗号、句号、百分号和问号等中文标点符号。得到文本中的标点符号数量后根据论文中的符号密度计算公式计算出符号密度，并将结果返回给调用方。接着构造节点信息字典，并将其存储到预设的字典 node_info 中，存储时的键为节点的信息摘要值，值为构造的节点信息字典，对应的语句为：

```
self.node_info[node_hash] = node_info
```

循环运行结束后，self.node_info 中存储的便是每个节点的文本密度和符号密度等信息。然后调用名为 calc_standard_deviation 的方法计算标准差，代码片段 5-6 为 calc_standard_deviation()方法的完整代码。

代码片段 5-6

```
def calc_standard_deviation(self):
    score_list = [x['density'] for x in self.node_info.values()]
    std = np.std(score_list, ddof=1)
    return std
```

这里的 np 是 numpy 的别名，density 是节点文本密度。节点文本密度的分布如下：

```
<class 'list'>: [2.8587570621468927, 1.4883720930232558,
1.5238095238095237, 1.5609756097560976, 0.0, 0, 0.7931034482758621,
0.8214285714285714, 0.8518518518518519, 0.0, 0, 0, 0.9583333333333334,
0, 0, 0, 0, 0, 0, 0, 0, 0, 0, 0, 0, 0, 0, 0, 0, 0, 0, 0, 0, 0, 0, 0,
0, 0, 0, 0, 0, 0, 0, 0, 0, 0, 0, 0, 0, 0, 0, 0, 0, 0, 0, 0, 0, 0, 0, 0,
0, 0, 0.0, 0.0, 0.0, 0.0, 4.0, 0, 0.0, 0.0, 0, 0, 0, 0.0, 0.0, 0,
0, 0, 3.6119791666666665, 23.79310344827586, 0, 26.24, 2.75,
3.142857142857143, 4.0, 0, 0, 0, 0.5, 6.5, 0, 0, 42.2, 0, 0.0, 0, 0,
0.0, 0, 0.0...
```

调用 numpy 库中的 std()方法来计算文本密度的标准差，计算结果为：

```
{float64} 5.587329102629709
```

最后将计算结果返回给调用方。回到 ContentExtractor 对象的 extract()方法中，得到文本密度标准差后调用名为 calc_new_score 的方法，以获取评分。代码片段 5-7 为 calc_new_score()方法的主体代码。

代码片段 5-7

```
def calc_new_score(self, std):
    for node_hash, node_info in self.node_info.items():
        score = np.log(std) * node_info['density'] * np.log10
(node_info['text_tag_count'] + 2) * np.log(
            node_info['sbdi'])
        self.node_info[node_hash]['score'] = score
```

这里按照论文中的评分模型循环为节点打分，并将得到的分数存入字典。这个方法并没有返回值，我们再次回到 ContentExtractor 对象的 extract()方法中，方法最后调用系统内置函数 sorted 将节点信息按评分降序排序,并将排序后的字典返回给调用方。这时回到 GeneralNewsExtractor 对象的 extract()方法中,在完成网页正文的提取工作后,进入文章标题的提取。

文章标题的提取调用的是 TitleExtractor 对象的 extract()方法,TitleExtractor 对象的结构如下:

```
|-- TitleExtractor
  |-- extract()
  |-- extract_by_xpath()
  |-- extract_by_title()
 |-- extract_by_htag()
```

在 extract()方法中就干了一件事:使用 or 关键字逐个调用另外三个方法。这三个方法的作用分别是:

- 从用户指定的 xpath 路径中提取标题,如果没有则返回空字符串。
- 从 title 标签中提取标题,如果没有则返回空字符串。
- 从 h 标签中提取标题,如果没有则返回空字符串。

最后将结果返回给调用方。回到 GeneralNewsExtractor 对象的 extract()方法中,在完成文章标题的提取工作后,进入发布时间的提取。

发布时间的提取调用的是 TimeExtractor 对象的 extract()方法,代码片段 5-8 为 TimeExtractor 对象的完整代码。

代码片段 5-8

```python
class TimeExtractor:
    def __init__(self):
        self.time_pattern = DATETIME_PATTERN

    def extractor(self, element: HtmlElement):
        text = ''.join(element.xpath('.//text()'))
        for dt in self.time_pattern:
            dt_obj = re.search(dt, text)
            if dt_obj:
                return dt_obj.group(1)
        else:
            return ''
```

这个方法的逻辑很简单:循环节点,默认将正则表达式匹配到的第一个结果判定为文章发布时间。由于时间格式非常多,TimeExtractor 中引用了预先定义的正则表达式:

```
DATETIME_PATTERN = [
    "(\d{4}[-|/|.]\d{1,2}[-|/|.]\d{1,2}\s*?[0-1]?[0-9]:[0-5]?[0-9]:
[0-5]?[0-9])",
    "(\d{4}[-|/|.]\d{1,2}[-|/|.]\d{1,2}\s*?[2][0-3]:[0-5]?[0-9]:
[0-5]?[0-9])",
    "(\d{4}[-|/|.]\d{1,2}[-|/|.]\d{1,2}\s*?[0-1]?[0-9]:[0-5]?[0-9])",
    "(\d{4}[-|/|.]\d{1,2}[-|/|.]\d{1,2}\s*?[2][0-3]:[0-5]?[0-9])",
    "(\d{4}[-|/|.]\d{1,2}[-|/|.]\d{1,2}\s*?[1-24]\d时[0-60]\d分)
([1-24]\d时)",
    "(\d{2}[-|/|.]\d{1,2}[-|/|.]\d{1,2}\s*?[0-1]?[0-9]:[0-5]?[0-9]:
[0-5]?[0-9])",
    "(\d{2}[-|/|.]\d{1,2}[-|/|.]\d{1,2}\s*?[2][0-3]:[0-5]?[0-9]:
[0-5]?[0-9])",
    "(\d{2}[-|/|.]\d{1,2}[-|/|.]\d{1,2}\s*?[0-1]?[0-9]:[0-5]?[0-9])",
    "(\d{2}[-|/|.]\d{1,2}[-|/|.]\d{1,2}\s*?[2][0-3]:[0-5]?[0-9])",
    "(\d{2}[-|/|.]\d{1,2}[-|/|.]\d{1,2}\s*?[1-24]\d时[0-60]\d分)
([1-24]\d时)",
    "(\d{4} 年 \d{1,2} 月 \d{1,2} 日 \s*?[0-1]?[0-9]:[0-5]?[0-9]:[0-
5]?[0-9])",
    "(\d{4}年\d{1,2}月\d{1,2}日\s*?[2][0-3]:[0-5]?[0-9]:[0-5]?[0-9])",
    "(\d{4}年\d{1,2}月\d{1,2}日\s*?[0-1]?[0-9]:[0-5]?[0-9])",
    "(\d{4}年\d{1,2}月\d{1,2}日\s*?[2][0-3]:[0-5]?[0-9])",
    "(\d{4}年\d{1,2}月\d{1,2}日\s*?[1-24]\d时[0-60]\d分)([1-24]\d时)",
    "(\d{2} 年 \d{1,2} 月 \d{1,2} 日 \s*?[0-1]?[0-9]:[0-5]?[0-9]:[0-
5]?[0-9])",
    "(\d{2}年\d{1,2}月\d{1,2}日\s*?[2][0-3]:[0-5]?[0-9]:[0-5]?[0-9])",
    "(\d{2}年\d{1,2}月\d{1,2}日\s*?[0-1]?[0-9]:[0-5]?[0-9])",
    "(\d{2}年\d{1,2}月\d{1,2}日\s*?[2][0-3]:[0-5]?[0-9])",
    "(\d{2}年\d{1,2}月\d{1,2}日\s*?[1-24]\d时[0-60]\d分)([1-24]\d时)",
    "(\d{1,2}月\d{1,2}日\s*?[0-1]?[0-9]:[0-5]?[0-9]:[0-5]?[0-9])",
    "(\d{1,2}月\d{1,2}日\s*?[2][0-3]:[0-5]?[0-9]:[0-5]?[0-9])",
    "(\d{1,2}月\d{1,2}日\s*?[0-1]?[0-9]:[0-5]?[0-9])",
    "(\d{1,2}月\d{1,2}日\s*?[2][0-3]:[0-5]?[0-9])",
    "(\d{1,2}月\d{1,2}日\s*?[1-24]\d时[0-60]\d分)([1-24]\d时)",
    "(\d{4}[-|/|.]\d{1,2}[-|/|.]\d{1,2})",
    "(\d{2}[-|/|.]\d{1,2}[-|/|.]\d{1,2})",
    "(\d{4}年\d{1,2}月\d{1,2}日)",
    "(\d{2}年\d{1,2}月\d{1,2}日)",
    "(\d{1,2}月\d{1,2}日)"
]
```

用户可以根据实际需求增/删列表 DATETIME_PATTERN 中的正则表达式。回到

GeneralNewsExtractor 对象的 extract()方法中，在完成发布时间的提取工作后，进入作者的提取。

作者的提取调用的是 AuthorExtractor 对象的 extract()方法，代码片段 5-9 为 AuthorExtractor 对象的完整代码。

代码片段 5-9

```python
class AuthorExtractor:
    def __init__(self):
        self.author_pattern = AUTHOR_PATTERN

    def extractor(self, element: HtmlElement):
        text = ''.join(element.xpath('.//text()'))
        for pattern in self.author_pattern:
            author_obj = re.search(pattern, text)
            if author_obj:
                return author_obj.group(1)
        return ''
```

与时间提取逻辑类似，作者的提取逻辑为：循环节点，默认将正则表达式匹配到的第一个结果判定为作者。同样地，作者的标识也多种多样，于是 **AuthorExtractor** 中引用了预先定义的正则表达式：

```python
AUTHOR_PATTERN = [
        "责编[:| |:| |丨|/]\s*([\u4E00-\u9FA5a-zA-Z]{2,20})
[^\u4E00-\u9FA5|:|: ]",
        "责任编辑[:| |:| |丨|/]\s*([\u4E00-\u9FA5a-zA-Z]{2,20})
[^\u4E00-\u9FA5|:|: ]",
        "作者[:| |:| |丨|/]\s*([\u4E00-\u9FA5a-zA-Z]{2,20})
[^\u4E00-\u9FA5|:|: ]",
        "编辑[:| |:| |丨|/]\s*([\u4E00-\u9FA5a-zA-Z]{2,20})
[^\u4E00-\u9FA5|:|: ]",
        "文[:| |:| |丨|/]\s*([\u4E00-\u9FA5a-zA-Z]{2,20})
[^\u4E00-\u9FA5|:|: ]",
        "原创[:| |:| |丨|/]\s*([\u4E00-\u9FA5a-zA-Z]{2,20})
[^\u4E00-\u9FA5|:|: ]",
        "撰文[:| |:| |丨|/]\s*([\u4E00-\u9FA5a-zA-Z]{2,20})
[^\u4E00-\u9FA5|:|: ]",
        "来源[:| |:| |丨|/]\s*([\u4E00-\u9FA5a-zA-Z]{2,20})
[^\u4E00-\u9FA5|:|: |<]"]
```

用户可以根据实际需求增/删列表 **AUTHOR_PATTERN** 中的正则表达式。回到

GeneralNewsExtractor 对象的 extract()方法中，完成目标内容的提取后构造一个字典：

```
result = {'title': title,
          'author': author,
          'publish_time': publish_time,
          'content': content[0][1]['text'],
          'images': content[0][1]['images']}
```

其中，content 键对应的值就是此次提取到的网页正文。content[0]代表取排在第一位的元素，即评分最高的元组。后面的[1]代表取元组下标为 1 的元素，即节点信息字典。['text']代表取字典中键名为 text 对应的值，即不带有 HTML 标签的纯文本。经过不断的代码跟进，我们已经弄清楚了 GeneralNewsExtractor 库的大体结构，其结构如图 5-12 所示。

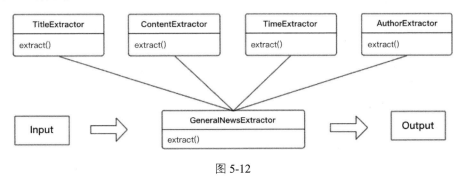

图 5-12

了解设计模式的朋友，看到这个图就会想到 Facade 模式。

本节小结

本节开篇处我们了解了 GeneralNewsExtractor 库的出处。然后学习了它的安装，并根据示例代码实现指定网页的网页正文提取。最后深入源码，探寻 GeneralNewsExtractor 的奥秘，经历了网页正文提取方法从论文到代码的过程。

本章小结

通用的网页正文提取方法是各大爬虫团队都在研究的内容之一。前有 Readability，后有 GeneralNewsExtractor，网页正文提取变得越来越容易，正确率也越来越高。

在 5.2 节中，我们跟着《基于文本及符号密度的网页正文提取方法》一文了解了网页正文提取的关键点和其中用到的重要算法。相信通过本章的学习，我们对网页内容提取有了新的认识，日后在工作中面对新的内容提取挑战时能够更好地完成任务。

第 **6** 章

Python 项目打包部署与定时调度

爬虫的部署或者说 Python 项目的部署，能够让项目管理变得更轻松、更方便，也更加灵活。在这一章中，我们将通过阅读成熟稳定的开源爬虫部署平台 Scrapyd 的源码，深入了解和学习 Python 包的构建、项目部署、Python 包运行的原理和方法。

对此你可能会有很多疑问。例如：

- 什么叫作部署？
- 我们如何判断爬虫是否需要部署？
- 部署的条件有哪些？
- 部署后又有哪些好处呢？
- 如何将 Python 项目传输到服务器呢？

本章首先会对爬虫部署进行简单的介绍，然后通过开源的爬虫部署平台 Scrapyd 演示如何将爬虫项目进行打包和部署，再深入阅读 Scrapyd 源码，了解其运行原理和方法。此外，本章还会介绍 Python 常用的打包工具 Setuptool 的使用方法，并结合 Web 框架 Flask 开发一个通用的 Python 项目部署平台。

6.1 如何判断项目是否需要部署

项目的开发与测试通常会在个人电脑上进行，在完成所有的代码编写后，将项目传输到服务器上，通过 Web 服务或其他服务向外部提供访问，而外部可以通过 HTTP 请求或其他交互方式对项目进行操作，我们将这个过程称为部署。爬虫部署的过程如图 6-1 所示。

Python 项目的部署可以归纳为以下几点：

- 个人电脑可以看作客户端(Client)，而提供服务的终端则称为服务端(Server)，由客户端构建项目包，并且传输到服务端。
- 服务端接收项目包并且对项目包进行完整性校验，如果通过校验则将项目包存储在服务端，否则将不存储项目包。
- 服务端提供持续的 Web 交互服务，在项目部署后，客户端可以通过 HTTP 请求或其他交互方式对服务端的项目进行操作。

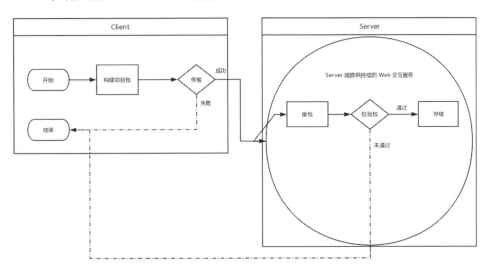

图 6-1　爬虫部署流程图

那么如何判断爬虫是否需要部署呢?

是否部署取决于项目的需求,决定爬虫项目是否部署的因素有以下几点。

- 执行频率:执行频率的高低直接影响到爬虫的部署与否,类似每 5 分钟执行 1 次的高频率是人力无法完成的。
- 运行时长:爬虫项目运行 1 次所耗费的时间也是影响因素之一,如果运行 1 次需要耗费 10 天,那么就应该避免在个人电脑上运行。
- 需求关联:如果爬虫所获数据跟其他项目有需求关联,为了保证不同项目之间的通信,应该尽量将项目通过服务进行交互。

举个例子,假设公司交给你一个任务:获取体育赛事网站上所有足球联赛及球队和球员的详细信息数据,并存入数据库中为后续的数据分析和计算做准备。

联赛信息如图 6-2 所示,包含名称、队标、市值、球员数量等属性。

图 6-2　联赛信息

需求整理与信息收集:世界范围的足球球队数量比较庞大,有赛事记录的球队多达十余万支,每个联赛、球队信息和球员个人信息分布在不同的页面,其中个人信息与个人荣誉分别在不同的页面，球队荣誉与球队信息也分布在不同的页面。

部署分析：球队基础信息变更频率比较低，所以只需要每隔几天启动 1 次爬虫以更新数据即可；由于更新周期较长，目标网站在此周期内有可能会更改页面结构，影响爬虫工作。

部署结论：每次使用时只需在电脑上启动爬虫即可，这样既节省了爬虫部署的时间，又可以避免因为周期较长而导致爬虫代码修改后二次部署可能导致的其他问题。

综合考虑，此爬虫程序并不需要部署。

再来看公司交给你的另外一个任务：每 10 分钟爬取一次指定的体育资讯网站上的文章及图集，所需要爬取的内容如图 6-3 所示，包含封面图、文章标题、文章内容、文章来源、作者信息及读者评论点赞数据等，并将数据存入数据库，配合公司的编辑部门使数据呈现到公司的 Web 网站上。

图 6-3　目标数据

需求整理与信息收集：大型体育资讯网站；内容分散；爬取频率高；定时启动；与编辑部门配合。

部署分析：大型体育资讯网站的资讯量总体数量庞大，每日更新文章次数非常频繁，尤其是赛事期间。通常资讯文章的列表页与内容页是分开的，甚至作者信息和评论信息也是存放在不同的网络资源地址，所以每一篇文章所需的请求可能会有 2～5 次。而且资讯类文章有时效性要求，一般为当天新闻，甚至半小时内的新闻资讯。

部署结论：高频率的爬取意味着多次启动爬虫，以 10 分钟爬取 1 次为例，人力是难以兼顾的；最好的选择是将爬虫部署到服务器上并为它设置定时调度，按需求调度执行。

当然，实际工作中的爬虫需求可能会更复杂。但是从上面的两个例子来看，已经可以说明爬虫部署的选择是根据具体的任务需求来决定的。

6.2　爬虫部署平台 Scrapyd

Scrapyd 是 Scrapy 框架官方指定的爬虫项目部署与管理平台。Scrapyd 为工程师们准备了完整的爬虫打包组件 Scrapyd-Client，这使得爬虫项目打包和部署变得很轻松。

将爬虫项目部署到 Scrapyd 之后，工程师们便可以观察到爬虫项目的调度记录、日志信息和状态等。在多任务处理方面，Scrapyd 会启动尽可能多的进程来处理我们交给它的任务。它还提供了如添加项目、删除指定项目、查看项目列表和启动指定项目的 API，这意味着它开放了扩展能力，我们可以在此基础上实现更丰富的功能。

Scrapy 项目只需要进行 1 次配置和 1 行命令即可完成打包和部署工作。当代码变动导致项目需要更新时，我们无须再次编写配置，只需要 1 行命令就可以完成项目的更新。值得一提的是，在 Scrapyd 中使用了多进程来应对多任务的情况，避免任务过多而造成阻塞现象。

本节我们将学习成熟稳定的爬虫部署平台 Scrapyd 的基本使用方法，从而了解爬虫项目部署的整个流程。

6.2.1　Scrapyd 的安装和服务启动

Scrapyd 的安装方法与其他库相同，使用 Python 包管理工具 pip 进行安装即可。对应的安装命令如下：

```
$ pip install scrapyd
```

终端的返回信息中出现"Successfully installed scrapyd"字样时代表 Scrapyd 安装成功。确认安装成功后，在命令终端输入命令：

```
$ scrapyd
```

命令执行后终端返回信息如下：

```
2019-11-20T15:12:27+0800 [-] Scrapyd web console available at
http://127.0.0.1:6800/
2019-11-20T15:12:27+0800 [-] Loaded.
2019-11-20T15:12:27+0800 [twisted.scripts._twistd_unix.UnixAppLogger#info]
twistd 19.2.1 (/Users/async/anaconda3/bin/python 3.7.3) starting up.
2019-11-20T15:12:27+0800 [twisted.scripts._twistd_unix.UnixAppLogger#info]
reactor class: twisted.internet.selectreactor.SelectReactor.
```

```
2019-11-20T15:12:27+0800 [-] Site starting on 6800
2019-11-20T15:12:27+0800 [twisted.web.server.Site#info] Starting
factory <twisted.web.server.Site object at 0x10ca5c160>
2019-11-20T15:12:27+0800 [Launcher] Scrapyd 1.2.1 started:
max_proc=16, runner='scrapyd.runner'
```

这些是 Scrapyd 启动时的日志信息，其中 "Scrapyd web console available at http://127.0.0.1:6800/" 告诉我们可以在浏览器访问 Scrapyd。"max_proc=16" 代表最大进程数，即同一时间能够执行的最多任务数。

Scrapyd 启动后，打开浏览器并访问 http://localhost:6800 便可以看到如图 6-4 所示的界面。

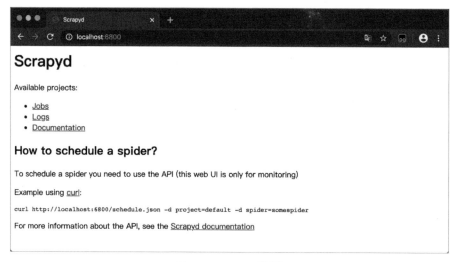

图 6-4　Scrapyd 界面

看到该界面代表 Scrapyd 启动成功并正常运行。至此，我们学会了 Scrapyd 的安装与启动。

6.2.2　爬虫项目的打包和部署

在开始之前，确保计算机中安装了 Scrapy 框架和打包工具 Scrapyd-Client。首先启动 Scrapyd。然后新建一个 Scrapy 项目。接着打开刚才新建的 Scrapy 项目，找到目录中的 scrapy.cfg 文件并填写配置。最后执行打包命令将项目部署到服务器上。图 6-5 描述了爬虫项目打包和部署的流程。

根据 Scrapy 文档的安装指引我们在命令终端执行安装命令：

```
$ pip install scrapy
```

终端的返回信息中出现"Successfully installed scrapy"字样时代表 Scrapy 框架安装成功。

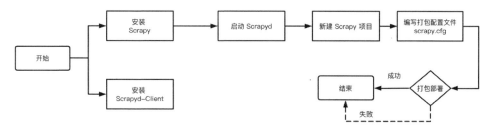

图 6-5　爬虫项目打包和部署的流程

接下来新建一个 Scrapy 项目，在命令终端执行命令：

```
$ scrapy startproject tutorial
```

命令执行后终端返回信息如下：

```
New Scrapy project 'tutorial', using template directory
'/Users/gannicus/anaconda3/lib/python3.6/site-packages/scrapy
/templates/project', created in:
    /Users/gannicus/tutorial

You can start your first spider with:
    cd tutorial
    scrapy genspider example phei.com.cn
```

返回信息显示 tutorial 项目已经创建成功，项目路径为/Users/gannicus/tutorial。我们使用命令进入 tutorial 目录并创建爬虫文件，对应命令如下：

```
$ cd tutorial && scrapy genspider sfhfpc ****.com
```

命令执行后终端返回的信息如下：

```
Created spider 'sfhfpc' using template 'basic' in module:
    tutorial.spiders.sfhfpc
```

可以看到指向网址.com 的爬虫 sfhfpc 已经创建成功。tutorial 项目的目录结构如下：

```
|-- tutorial
    |-- scrapy.cfg
    |-- tutorial
        |-- __init__.py
```

```
|-- items.py
|-- middlewares.py
|-- pipeline.py
|-- settings.py
|-- spiders
    |-- __init__.py
    |-- sfhfpc.py
```

在当前文件夹内可以看到有一个名为 tutorail 的文件夹和 scrapy.cfg 的文件。打开 scrapy.cfg 文件，文件的内容为：

```
# Automatically created by: scrapy startproject
#
# For more information about the [deploy] section see:
# https://*******.readthedocs.io/en/latest/deploy.html

[settings]
default = tutorial.settings

[deploy]
#url = http://localhost:6800/
project = tutorial
```

配置文件分为 settings 级和 deploy 级，配置项的具体作用如下。

- settings：默认的 scrapy 项目配置。
- deploy：可以为配置设定别名，同一个 scrapy.cfg 文件可以存在多个 deploy 配置。
- default：指定爬虫项目的配置。
- url：指定部署的目标地址。
- project：指定要打包的项目。

需要注意的是，Scrapyd-Client 会根据配置文件中 url 的值将项目以 post 的方式提交到指定的服务器，所以在打包部署前要去掉 url 一行的注释符。

打包部署时只需要在 scrapy.cfg 文件同级目录打开命令终端，并执行 scrapyd-deploy 命令即可。对应的命令如下：

```
$ scrapyd-deploy default -p tutorial
```

其中，scrapyd-deploy 是固定语法；default 是说明本次将按照默认的 deploy 配置进行；-p 命令也是固定的语法，代表指定要打包部署的项目，后面紧跟的 tutorial 就是项目名称。命令执行后终端返回信息如下：

```
Deploying to project "tutorial" in
http://localhost:6800/addversion.json
Server response (200):
{"node_name": "asyncdeMacBook-Pro.local", "status": "ok",
"project": "tutorial", "version": "1574241013", "spiders": 1}
```

在返回信息的内容中，status 的值是 ok，这代表服务器成功接收了我们部署的项目。返回信息中 spiders 对应的值是爬虫数量，version 对应的值是项目的版本号，project 对应的值是项目名称。此时 http://localhost:6800 的界面如图 6-6 所示。

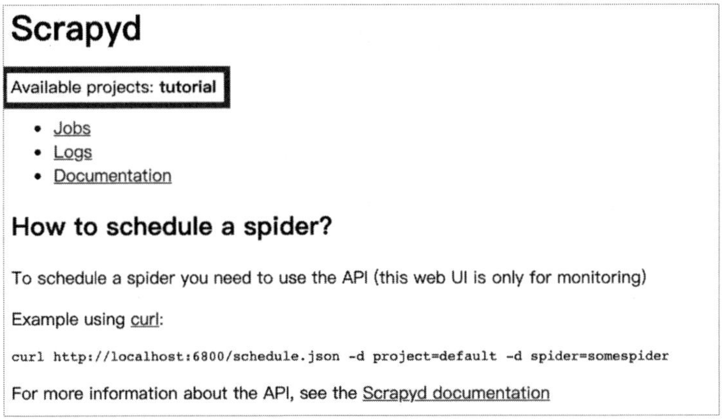

图 6-6　Scrapyd 界面

可以看到 Availabel projects 后面跟着我们刚才打包的项目名称 tutorial，这说明本次项目部署成功。页面中给出了调用爬虫程序的 API 使用语法：

```
curl  http://localhost:6800/schedule.json  -d  project=default  -d
spider=somespider
```

其中，project 对应的是项目名称，spider 对应的是爬虫名称。如果想要启动 tutorial 项目中名为 sfhfpc 的爬虫，只需要在终端执行符合语法规则的命令即可，对应的语句和返回结果如下：

```
$ curl http://localhost:6800/schedule.json -d project=tutorial -d
spider=sfhfpc

{"node_name": "asyncdeMacBook-Pro.local", "status": "ok", "jobid":
"ff09937e0e9011eaad65f01898393f7f"}
```

返回结果中 status 字段的值为 ok，说明命令正确，服务端正确响应了本次请求。返回结果中的 jobid 代表爬虫启动任务的 id，说明爬虫启动任务已经被添加到任务队列，稍后便会执行。

为什么是稍后执行？这点我们会在源码解读的内容中提到。

这时候我们可以从 Scrapyd 首页中的 Jobs 链接指向的页面中查看到图 6-7 所示的任务执行状态。

Jobs

Go back

Project	Spider	Job	PID	Start	Runtime	Finish	Log
			Pending				
			Running				
			Finished				
tutorial	sfhfpc	ff09937e0e9011eaad65f01898393f7f		2019-11-24 16:04:12	0:00:03	2019-11-24 16:04:15	Log

图 6-7　Jobs 页面

任务状态分为 Pending、Running 和 Finished，对应的是等待中、执行中和执行完毕。任务属性中包含了项目名称、爬虫名称、任务 ID、进程 ID、启动时间、运行时长、结束时间和本次任务对应的日志。点击末尾的 Log 就可以查看格式为 txt 的爬虫日志。

当然，爬虫日志也可以从首页中的 Logs 链接指向的页面中查看，爬虫日志如图 6-8 所示。

Directory listing for /logs/tutorial/sfhfpc/

Filename	Size	Content type	Content encoding
ff09937e0e9011eaad65f01898393f7f.log	4K	[text/plain]	

图 6-8　爬虫日志

日志层层递进，外层是项目列表，进而到爬虫列表，最后再到某个爬虫对应的日志列表。

以上就是基于 Scrapyd 的爬虫项目打包和部署相关的介绍，更多 API 的介绍和使用示例可翻阅 Scrapyd 文档。

本节小结

本节我们了解了 Scrapy 团队提供的爬虫项目打包和部署平台 Scrapyd 的安装和基本使用方法，动手将一个爬虫项目打包部署到平台，并且成功地调用了指定的爬虫项目。这为我们接下来深入剖析 Scrapyd 打下了一定的基础。

6.3　Scrapyd 源码深度剖析

Scrapyd 项目源码可从 GitHub 对应的仓库中下载，也可以通过 Pycharm 编辑器查看。Pycharm 编辑器查看已安装的 Scrapyd 库的步骤如下：

（1）打开某个项目并设置 Interprete。

（2）在 Pycharm 左侧项目目录栏找到 External Libraries，点击左侧的三角符号展开栏目。

（3）在子栏目中找到 site-packages 栏目，点击左侧的三角符号展开栏目。

（4）在第三方库列表中找到 scrapyd 目录。

请按照上述方法找到 Scrapyd 项目目录，其结构如下：

```
| -- scrapyd
  | -- scripts
    | -- __init__.py
    | -- scrapyd_run.py
| -- tests
| -- __init__.py
| -- _deprecate.py
| -- app.py
| -- config.py
| -- default.scrapyd.conf
| -- eggstorage.py
| -- eggutils.py
| -- eggviron.py
| -- interface.py
| -- launchers.py
| -- poller.py
| -- runner.py
| -- scheduler.py
| -- script.py
| -- spiderqueue.py
| -- sqlite.py
| -- txapp.py
| -- util.py
| -- VERSION
| -- webservice.py
| -- website.py
```

其中 tests 文件夹中的文件均为测试用例，VERSION 文件为版本，这些都不需要我们关注。如何下手呢？在上一节中提到过，Scrapyd 提供了功能丰富的 API，那么我们就从这里下手。从文件名来看，诸多文件中与 API 相关度较高的是 webservice.py 和 website.py。我们先看看 webservice.py 中各对象的结构：

```
WsResource
DaemonStatus
Schedule
Cancel
AddVersion
ListProjects
ListVersions
ListSpiders
ListJobs
DeleteProject
DeleteVersion
```

　　Scrapyd 服务首页给出的使用示例中有 schedule.json，这里大胆猜测可能与 Schedule 对象相关。代码片段 6-1 为 Schedule 对象的完整代码。

代码片段 6-1

```python
class Schedule(WsResource):

    def render_POST(self, txrequest):
        args = native_stringify_dict(copy(txrequest.args),
keys_only=False)
        settings = args.pop('setting', [])
        settings = dict(x.split('=', 1) for x in settings)
        args = dict((k, v[0]) for k, v in args.items())
        project = args.pop('project')
        spider = args.pop('spider')
        version = args.get('_version', '')
        spiders = get_spider_list(project, version=version)
        if not spider in spiders:
            return {"status": "error", "message": "spider '%s' not
found" % spider}
        args['settings'] = settings
        jobid = args.pop('jobid', uuid.uuid1().hex)
        args['_job'] = jobid
        self.root.scheduler.schedule(project, spider, **args)
        return {"node_name": self.root.nodename, "status": "ok",
"jobid": jobid}
```

Schedule 对象中有一个名为 render_POST 的方法，该方法输入一个 txrequest，输出 JSON 格式的内容。这里返回的 JSON 对象格式与上一节启动爬虫时服务端返回的信息格式一致，这让我们更确定了 Schedule 对象与 schedule.json 的关联关系。

按照这个思路，可以确定 AddVersion 对象与打包部署时用到的 addversion.json 有关联。代码片段 6-2 为 AddVersion 对象的完整代码。

代码片段 6-2

```python
class AddVersion(WsResource):

    def render_POST(self, txrequest):
        eggf = BytesIO(txrequest.args.pop(b'egg')[0])
        args = native_stringify_dict(copy(txrequest.args),
keys_only=False)
        project = args['project'][0]
        version = args['version'][0]
        self.root.eggstorage.put(eggf, project, version)
        spiders = get_spider_list(project, version=version)
        self.root.update_projects()
        UtilsCache.invalid_cache(project)
        return {"node_name": self.root.nodename, "status": "ok",
"project": project, "version": version, \
            "spiders": len(spiders)}
```

它的结构与 Schedule 对象相同，但处理过程和返回结果不同。想要了解 Scrapy 项目部署的流程，那么 AddVersion 对象的代码逻辑是必须要读的。接下来我们将用断点调试和代码跟进的方式逐步解读 AddVersion 对象。

首先从 GitHub 仓库中下载 Scrapyd，并用 Pycharm 打开该项目，设置好 Interpreter 后便可以对代码进行断点了。由于我们并不知道对象中使用的方法是什么，所以这里采用逐步断点的方法，即将 AddVersion 对象中的 render_POST() 方法中的每一行都打上断点。

Scrapyd 项目的启动文件是 scrapyd/scripts/scrapyd_run.py，使用 Debug 模式运行该文件便可在本地启动 Scrapyd，届时浏览器中访问的 http://localhost:6800 对应的就是此时 Pycharm 中的代码。确认项目正常运行后便到 scrapyd/webservice.py 中对 AddVersion 对象实施逐步断点。接着在 tutorial 项目根目录中唤起终端并执行项目打包部署命令：

```
$ scrapyd-deploy default -p tutorial
```

命令执行后断点会停在之前设置的断点上。第一个断点是变量 eggf，它是一个 BytesIO 对象，传入 BytesIO 对象的是 txrequest.args 中的 egg。我们将光标移动到 txrequest 对象上便可逐步查看对象包含的内容，这里要查看的是 args 中的 egg。查看后发现 egg 对应的是 bytes 对象，实际上是后缀为.egg 的压缩文件内容。下面连续三行代码为：

```
args = native_stringify_dict(copy(txrequest.args), keys_only=False)
project = args['project'][0]
version = args['version'][0]
```

这三行代码的作用是从 args 中取出项目名称和版本号，并将其赋值给对应的变量。接下来看看带有 put()方法的一行代码：

```
self.root.eggstorage.put(eggf, project, version)
```

它的作用是将 POST 上传的文件存储到指定位置，传入的项目名称和版本号与文件名和存储路径相关。这行代码运行后，在 scrapyd/scripts 目录下会多出一个名为 eggs 的文件夹，它的目录结构如下：

```
|-- eggs
  |-- tutorial
     |-- 1574687997.egg
```

也就是说，put()方法会根据传入的项目名称和时间戳存储上传的文件。对 eggstorage 对象感兴趣的读者可以跟进代码阅读。至此，tutorial 项目成功存储在运行着 Scrapyd 的计算机中。

再往下看：

```
spiders = get_spider_list(project, version=version)
```

从方法名中我们大致可以猜测到，get_spider_list()方法的作用是获取爬虫列表。结合最后的 return 语句：

```
return {"node_name": self.root.nodename, "status": "ok",
"project": project, "version": version, \"spiders": len(spiders)}
```

可以确定 spiders 就是爬虫列表，而 len(spiders)的结果就是爬虫数量，这与我们在终端得到的返回信息完全一致。图 6-9 描述了 tutorial 项目的打包部署过程和 AddVersion 对象的作用。

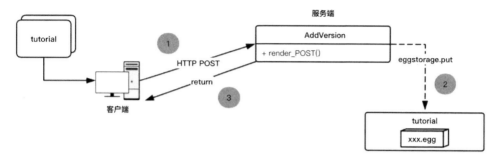

图 6-9　部署过程中 AddVersion 对象的作用图示

那么启动爬虫的过程又是怎样的呢？

接下来我们将对 Schedule 对象进行逐步分析，以探究 Scrapyd 对爬虫项目启动的处理流程。使用与调试 AddVersion 对象相同的方法对 Schedule 对象进行逐步断点，设置断点后在任意位置唤起终端并执行启动爬虫的命令：

```
$ curl http://localhost:6800/schedule.json -d project=tutorial -d
spider=sfhfpc
```

命令执行后，断点会停在 Schedule 对象的 render_POST()方法的第一行代码处。经过之前对 AddVersion 对象的分析，我们已经知道 args 的值就是执行 curl 命令时传递的参数，所以这里前几行代码不需要断点也可以猜测到它们的作用。前几行代码如下：

```
args = native_stringify_dict(copy(txrequest.args), keys_only=False)
settings = args.pop('setting', [])
settings = dict(x.split('=', 1) for x in settings)
args = dict((k, v[0]) for k, v in args.items())
project = args.pop('project')
spider = args.pop('spider')
version = args.get('_version', '')
priority = float(args.pop('priority', 0))
spiders = get_spider_list(project, version=version)
```

取出 POST 传递的参数，并从参数中取出 settings、project、spider、version 和 priority 等。这里同样调用了 get_spider_list()方法，并将爬虫列表赋值给变量 spiders。紧接着是一个 if 判断：

```
if not spider in spiders:
        return {"status": "error", "message": "spider '%s' not
found" % spider}
```

它的作用是判断我们执行 curl 命令时传递的 spider 名称是否在爬虫列表中，这样做是检查用户指定要启动的爬虫项目是否存储在运行着 Scrapyd 的计算机上。如果指定的爬虫不存在则以 JSON 格式返回类似 "spider not found" 的提示，反之代码继续往下运行。后续的三行代码为：

```
args['settings'] = settings
jobid = args.pop('jobid', uuid.uuid1().hex)
args['_job'] = jobid
```

这里主要是获取 jobid。优先从执行 curl 命令时传递的参数中查找 jobid，如果没有则调用 uuid 对象生成一个唯一值并将其作为 jobid 的值。最后将 jobid 添加到 args 对象中。最后两行代码为：

```
self.root.scheduler.schedule(project, spider, priority=priority,
**args)
    return {"node_name": self.root.nodename, "status": "ok", "jobid":
jobid}
```

这里调用 scheduler 的 schedule()方法，同时传入项目名称、爬虫名称、priority 和 args 对象。schedule()方法并没有返回值，最后执行 return 语句将调用结果以 JSON 格式返回给用户。也就是说，没等 schedule()方法返回，就直接将爬虫启动结果返回给用户。图 6-10 描述了用户在终端执行 curl 命令后 Schedule 对象的处理逻辑。

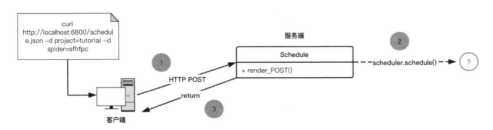

图 6-10　Schedule 对象的处理逻辑图示

这里最重要的就是 schedule()方法，跟进代码后发现事情并没有那么简单。这里不是直接执行某个文件，而是将启动参数存入队列。schedule()方法的完整代码如下：

```
def schedule(self, project, spider_name, priority=0.0, **spider_args):
    q = self.queues[project]
    # priority passed as kw for compat w/ custom queue. TODO use
pos in 1.4
    q.add(spider_name, priority=priority, **spider_args)
```

这里调用的是 q 对象的 add()方法，根据上面一行代码可知 q 是一个队列。跟进

add()方法，发现来到了 SqliteSpiderQueue 对象中，根据对象上下文代码可知启动参数
被存储到 SQLite 数据库中。add()方法运行完毕后 scrapyd/scripts 目录下会多出一个名
为 dbs 的文件夹，它的目录结构如下：

```
|-- dbs
    |-- tutorial.db
```

tutorial.db 就是存储启动参数的 SQLite 数据库文件。这里借助 SQLite 可视化软件
查看 tutorial.db 中存储的内容，发现文件中存储着一个名为 spider_queue 的表，表中
只有 3 个字段：id、priority 和 message。message 字段对应的值如下：

```
{"settings": {}, "_job": "a000e3380f9311ea9feaf01898393f7f",
"name": "sfhfpc"}
```

当代码执行到 Schedule 对象中 render_POST()方法的 return 语句时，发现 SQLite
数据库中的这条记录不见了。那么启动参数是如何被取出的呢？

注意到 SqliteSpiderQueue 对象中定义了 pop()方法，猜测应该是某个对象调用了
SqliteSpiderQueue 的 pop()方法，将这条启动参数从 SQLite 数据库中取出了。这种情
况下我们可以使用 Pycharm 编辑器的全局搜索功能查找 pop 关键字，然后逐条查看搜
索结果，寻找"可疑"的语句。最终在 scrapyd/poller.py 文件中找到了从数据库取出启
动参数的语句：

```
@inlineCallbacks
def poll(self):
    if not self.dq.waiting:
        return
    for p, q in iteritems(self.queues):
        c = yield maybeDeferred(q.count)
        if c:
            msg = yield maybeDeferred(q.pop)
            if msg is not None:  # In case of a concurrently accessed
queue
                returnValue(self.dq.put(self._message(msg, p)))
```

对 poll()方法进行逐步断点，发现循环时取到的 p 对应的值是项目名称，q 对应的值
是 SqliteSpiderQueue 对象。那么 c 对应的值就是 SQLite 数据库中的数据数量。if 语句用
于判断是否有数据存在，如果有就调用 pop 将数据取出，这里的 msg 对象的内容为：

```
<class 'dict'>: {'settings': {}, '_job':
'a000e3380f9311ea9feaf01898393f7f', 'name': 'sfhfpc'}
```

它是一个字典，字典的内容就是 spider_queue 表中 message 字段的值。找到了从数据库中取出启动参数的 poll()方法后还需要继续跟进代码，看看 poll()方法在哪里被调用。同样使用全局搜索和逐条查看的方式，最终在 scrapyd/launchers.py 文件里的 Launcher 对象中的_wait_for_project()方法中找到了对 poll()的调用。_wait_for_project()方法的完整代码如下：

```python
def _wait_for_project(self, slot):
    poller = self.app.getComponent(IPoller)
    poller.next().addCallback(self._spawn_process, slot)
```

这里调用 getComponent()方法拿到 IPoller 对象，这个 IPoller 对象是一个接口，定义这个接口的代码在 scrapyd/interface.py 文件中。scrapyd/poller.py 中的 QueuePoller 对象继承的就是 IPoller 接口，所以 getComponent()方法拿到的对象是 QueuePoller，即将 QueuePoller 对象赋值给变量 poller。下面一行代码调用了 QueuePoller 对象中的 next()方法，并且将回调函数设置为_spawn_process()。

根据_wait_for_project()和_spawn_process()的方法名可知它们都是"私有"方法，在当前文件中肯定能找到对应的调用方。代码片段 6-3 为_wait_for_project()方法调用方的完整代码。

代码片段 6-3

```python
def startService(self):
    for slot in range(self.max_proc):
        self._wait_for_project(slot)
    log.msg(format='Scrapyd %(version)s started: max_proc=
%(max_proc)r, runner=%(runner)r',
            version=__version__, max_proc=self.max_proc,
            runner=self.runner, system='Launcher')
```

调用方的名称为 startService，该方法调用了 log.msg()将 Scrapyd 启动的信息打印在控制台。也就是说当项目启动的时候，startService()就会运行，接着调用_wait_for_project()方法从数据库中取出启动参数。启动参数取出来后如何使用呢？代码片段 6-4 为_spawn_process()方法的完整代码。

代码片段 6-4

```python
def _spawn_process(self, message, slot):
    msg = native_stringify_dict(message, keys_only=False)
    project = msg['_project']
    args = [sys.executable, '-m', self.runner, 'crawl']
```

```
args += get_crawl_args(msg)
e = self.app.getComponent(IEnvironment)
env = e.get_environment(msg, slot)
env = native_stringify_dict(env, keys_only=False)
pp = ScrapyProcessProtocol(slot, project, msg['_spider'], \
msg['_job'], env)
pp.deferred.addBoth(self._process_finished, slot)
reactor.spawnProcess(pp, sys.executable, args=args, env=env)
self.processes[slot] = pp
```

这里需要对_spawn_process()进行逐步断点。前两行代码的作用是为变量 msg 和 project 赋值。第 3 行和第 4 行代码的作用是定义一个名为 args 的列表，并将一些参数放进列表中。这里的 sys.executable 是当前 Scrapyd 运行环境的 Python 程序路径，例如：

```
'Users/async/anaconda3/python3.7'
```

self.runner 对应的是 scrapyd/runner.py 文件。接下来三行与 env 相关的代码并不重要，再往下一行看到初始化 ScrapyProcessProtocol 对象时传入了项目名称、爬虫名称、jobid 和 env。这里跟进 ScrapyProcessProtocol 对象，它的父类是 protocol.ProcessProtocol——Twisted 框架内置的进程协议，其作用是让用户自定义进程启动的方式、启动时使用的参数和结束时调用的方法等，结合 ScrapyProcessProtocol 对象中定义的方法来看，这个观点是正确的。

下一行 pp.deferred.addBoth()的作用是设置进程结束时的回调方法和传入参数，这里设置的_process_finished()方法将会在进程结束时被调用。

reactor.spawnProcess()是 Twisted 框架内置的子进程生成方法，它能够生成子进程并添加到 Twisted 框架的循环中。根据 Twisted 文档中对 Using Processes 的介绍得知，我们跟进代码过程中遇到的 processProtocol、executable、args 和 env 等对象都是为了能够调用 reactor.spawnProcess()方法而定义的。简单来说，这一行代码的作用是根据传入的参数开辟一个子进程，而这个子进程的行为则由传入的参数决定。其中最重要的就是 args：

```
<class 'list'>: ['/Users/async/anaconda3/bin/python3.7', '-m',
'scrapyd.runner', 'crawl', 'sfhfpc', '-a',
'_job=a000e3380f9311ea9feaf01898393f7f']
```

这与我们平时在终端使用 python -m 语句相似，例如：

```
$ python -m scrapyd/runner.py
```

只不过这里采用子进程的方式执行，并且传入了一些额外参数。图 6-11 描述了从用户执行爬虫启动命令到服务端开辟子进程的过程。

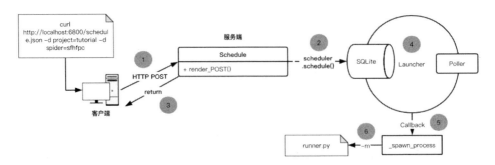

图 6-11　用户命令与服务端处理过程图示

接下来，分析的重点转向 runner.py 文件。代码片段 6-5 为 runner.py 文件的完整代码。

代码片段 6-5

```python
import sys
import os
import shutil
import tempfile
from contextlib import contextmanager

from scrapyd import get_application
from scrapyd.interfaces import IEggStorage
from scrapyd.eggutils import activate_egg


@contextmanager
def project_environment(project):
    app = get_application()
    eggstorage = app.getComponent(IEggStorage)
    eggversion = os.environ.get('SCRAPY_EGG_VERSION', None)
    version, eggfile = eggstorage.get(project, eggversion)
    if eggfile:
        prefix = '%s-%s-' % (project, version)
        fd, eggpath = tempfile.mkstemp(prefix=prefix, suffix='.egg')
        lf = os.fdopen(fd, 'wb')
        shutil.copyfileobj(eggfile, lf)
        lf.close()
        activate_egg(eggpath)
    else:
        eggpath = None
```

```
try:
    assert 'scrapy.conf' not in sys.modules, "Scrapy settings
already loaded"
    yield
finally:
    if eggpath:
        os.remove(eggpath)

def main():
    project = os.environ['SCRAPY_PROJECT']
    with project_environment(project):
        from scrapy.cmdline import execute
        execute()

if __name__ == '__main__':
    main()
```

文件中只有 2 个方法，分别是 project_environment()和 main()。main()方法的执行顺序优先于 project_environment()，我们先来解读 main()方法。这里调用 os.environ()方法取出之前添加到 environ 中（如何添加并不影响我们理解项目，所以这里不会解读 environ 相关的代码）的项目名称，接着使用 with 语句进入到 project_environment()的流程，待 project_environment()的上文代码运行完毕后从 scrapy.cmdline 中导入 execute()方法并执行，最后执行 project_environment()的下文。

提示：上文和下文与 Python 上下文管理器相关。代码中用到的@contextmanager 就是上下文管理器的一种写法，建议不熟悉上下文管理器的语法和作用的读者翻阅 Python 官方文档。

在@contextmanager 语法中，yield 用于区分上文和下文。上文根据 environ 中对应的 SCRAPY_PROJECT 和 SCRAPY_EGG_VERSION 拿到项目名称和版本号，然后调用 tempfile.mkstemp()、os.fdopen()和 shutil.copyfileobj()方法将与项目名称和版本号对应的.egg 文件 "复制" 到系统缓存区，再调用 activate_egg()方法 "激活" .egg 文件。为了确保项目存在且符合 Scrapy 项目结构，这里用到了 if else、try 和 assert 进行处理。至此，project_environment()的上文运行完毕。

程序运行到 yield 关键字时便会跳出 project_environment()方法，然后运行如下代码：

```
from scrapy.cmdline import execute
execute()
```

即进入到 Scrapy 项目运行的逻辑中，这里就是启动 tutorial 项目中名为 sfhfpc 的爬虫的地方。下文调用 os.remove()方法删除之前"复制"到系统缓存区的.egg 文件。

由于_spawn_process()方法中调用了 deferred.addBoth()方法，所以当启动爬虫程序的子进程运行结束后，程序会跳转到 Launcher 对象中的_process_finished()方法。其中有这么一句代码：

```
process.end_time = datetime.now()
```

它的作用是记录子进程结束的时间,这就是我们在 Jobs 页面的任务列表中看到的 Finish 列（结束时间）对应的值。Start 列（启动时间）的值在 ScrapyProcessProtocol 对象的__init__()方法中有定义，对应的语句如下：

```
self.start_time = datetime.now()
```

即开辟子进程时的时间就是爬虫的启动时间。有了结束时间和启动时间，就可以计算出 Runtime（运行时长）了。

_process_finished()方法的最后一行代码为：

```
self._wait_for_project(slot)
```

子进程结束后会调用_wait_for_project()方法，也就是不停地"绕圈"。图 6-12 描述了程序"绕圈"的部分过程。

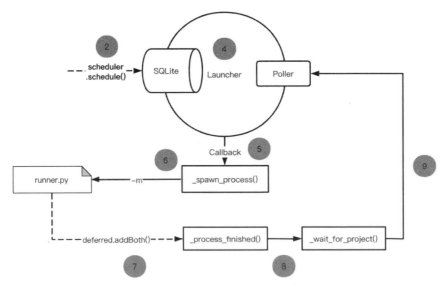

图 6-12　程序"绕圈"的部分过程

除了部署外，Scrapyd 另一个重要的功能是日志。每一个爬虫程序运行时产生的日志都会被保存到以 joid 为名称的 log 文件中。指定的爬虫程序运行结束后，在 scrapyd/scripts 目录下会多出一个名为 logs 的文件夹，它的目录结构如下：

```
|-- logs
  |-- tutorial
    |-- sfhfpc
      |-- f74c74160f8b11ea9feaf01898393f7f.log
```

从目录结构得知，Scrapyd 会根据项目名称、爬虫名称建立文件夹，且用 jobid 作为日志文件的文件名。重要的是，日志文件并不是 Scrapyd 的日志，而是爬虫项目的运行日志。

Scrapyd 启动爬虫时用的是子进程，子进程中与日志相关的只有标准输出 stdout 和错误输出 stderr，也就是说将子进程的输出写入文件即可。

思路扩展：找到日志文件的来源和生成方法后我们就可以对日志进行监控，进而掌握爬虫程序的状态。

6.4　项目打包与解包运行实战

上一小节中解读的是 Scrapyd 中部署和调度方面的源码，本节我们将通过 Setuptools 文档和示例代码了解 Python 项目打包的相关知识，并动手实现任意 Python 项目的打包和解包运行。

6.4.1　用 Setuptools 打包项目

Scrapy 项目部署和调度在 Scrapyd 平台上完成，而项目打包的工作由 Scrapyd-Client 完成。简单阅读 Scrapyd-Client 源码后发现，它是借助 Setuptools 实现的打包功能。Scrapyd 项目文件 scrapyd_client/deploy.py 中涉及 Setuptools 的具体代码如下：

```
import setuptools
from setuptools import setup, find_packages
setup(
    name        = 'project',
    version     = '1.0',
    packages    = find_packages(),
    entry_points = {'scrapy': ['settings = %(settings)s']},
)
```

Setuptools 是一个功能齐全、可用于 Python 项目打包的开源库，我们可以使用

Python 的包管理工具 pip 安装它，对应的安装命令如下：

```
$ pip install -U setuptools
```

Setuptools 文档给出了一个简单的打包示例：

```
from setuptools import setup, find_packages
setup(
    name="HelloWorld",
    version="0.1",
    packages=find_packages(),
)
```

这段代码执行后会打包指定的文件夹，并在当前目录下生成相应的包文件。在开始实验之前我们需要准备用于打包的项目文件夹和 Python 文件，项目结构如下：

```
|-- football
   |-- __init__.py
   |-- start.py
| -- setup.py
```

新建一个名为 football 的文件夹，然后在文件夹内新建一个名为 start 的 Python 空文件。同时在 football 同级目录下新建一个名为 setup 的 Python 文件，并将 Setuptools 文档给出的打包示例写入文件：

```
from setuptools import setup, find_packages
setup(
        name='football',
        version='1.5',
    packages=find_packages(),
)
```

需要注意的是，name 对应的值需要设定为 football。接着按照 Setuptools 文档的指引运行打包命令：

```
$ python setup.py sdist
```

命令执行后当前目录会多出一些文件，此时的目录结构如下：

```
|-- football
   |-- __init__.py
   |-- start.py
| -- setup.py
|-- dist
```

```
    |-- football-1.5.tar.gz
|-- football.egg-info
    |-- dependency_links.txt
    |-- PKG-INFO
    |-- SOURCES.txt
    |-- top_level.txt
```

新增的 dist 文件夹内有一个名为 football-1.5 的压缩文件，想必它就是这次打包的"结果"。这个"结果"的后缀是.tar.gz，如何才能得到.egg 后缀的包呢？

Setuptools 文档中的 bdist-egg-create-a-python-egg-for-the-project 部分提到，可以使用 bdist_egg 命令为 Python 项目创建.egg 后缀的包文件。对应的打包命令为：

```
$ python setup.py bdist_egg
```

注意，为了更好地观察结果，我们在命令执行前将上一次执行打包命令后生成的文件删掉。本次 bdist_egg 命令执行后，dist 文件夹中的文件名为 football-1.5-py3.7.egg，这说明我们成功地将 Python 项目打包成了.egg 后缀的包文件。

看到这里，不少读者都会好奇：EGG 文件里面包裹的内容是什么呢？

实际上，EGG 文件也是压缩包的一种，我们可以用解压缩软件打开它。football-1.5-py3.7.egg 的内容如图 6-13 所示。

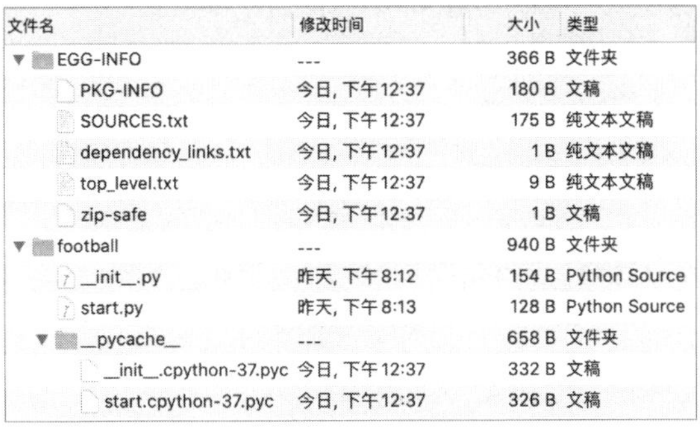

图 6-13　football-1.5-py3.7.egg 的内容

从图 6-13 中得知，EGG 文件包含了目标文件夹 football、football 文件夹中的 Python 文件的编译文件和 EGG-INFO 文件夹。

以上就是 Python 项目打包的方法，建议想要更进一步了解相关知识的读者翻阅 Setuptools 文档。

6.4.2　运行 EGG 包中的 Python 项目

打包的工作完成了，那如何运行包中的 Python 项目呢？单个 Python 文件的运行我们可以使用 python filename 或 python -m filename 语法，但是 EGG 文件显然不可以。

这里要给大家介绍一个 "冷门" 的 Python 内置函数 importlib.import_module()，它可以帮助我们以模块的方式将 EGG 文件导入程序中，这个过程称为解包。在 Python 文档中搜索 import_module 便可找到相关的介绍，不过文档中并没有给出示例代码。

平时我们用 from...import...或者 import...这样的语句导入其他模块，然后通过 "." 符号访问模块中的其他对象。例如：

```
import importlib
the_module = importlib.import_module('egg name')
```

这里导入 importlib 模块后用 "." 符号访问了 import_module()函数。同样地，使用 import_module()函数导入某个模块后也能用 "." 符号访问该模块中的对象。看到这里，大家脑海中想象的应该是：

```
import importlib
the_module = importlib.import_module('football-1.5-py3.7.egg')
the_module.main()
```

注意：之前我们并未在 football 项目中编写代码，所以 main()方法是不存在的，这段代码是伪代码。

现在我们将下面的代码添加到 football/start.py 中：

```
import requests


def fetch():
    # 向电子工业出版社官网发出网络请求
    response = requests.get('https://www.phei.com.cn/')
    # 打印响应状态码
    print(response.status_code)
```

由于导入的是 football，而不是 football 中的某个文件，所以我们要想访问到 fetch() 方法就必须在 football 文件夹中的__init__.py 文件中导入 fetch，对应的代码如下：

```
# football/__init__.py
from .spider import fetch
```

一切设置好之后执行 bdist_egg 命令打包 football 项目。在 football 同级目录下新建一个名为 runner 的 Python 文件，并写入以下代码：

```
"""运行指定的 EGG 文件"""
```

```python
import sys
import importlib
from pathlib import Path, PurePath


def execute(egg, project):
    """将 EGG 文件路径添加到 sys.path
    导入 EGG 文件
    最后调用 EGG 文件中的 fetch()方法
    """
    sys.path.insert(0, str(egg))
    project = importlib.import_module(project)
    # 执行 EGG 文件中的 fetch()方法
    project.fetch()


if __name__ == '__main__':
    # EGG 文件路径
    file = PurePath.joinpath(Path.cwd(), 'project', 'football-1.5-
py3.7.egg')
    execute(file, 'football')
```

在这段代码中，先通过 PurePath.joinpath()和 Path.cwd()方法拼接出 football-1.5-py3.7.egg 的完整路径，接着用 sys.path.insert()方法将 EGG 文件的路径添加到 sys.path 中，然后使用 importlib.import_module()方法导入 EGG 文件中名为 football 的模块，最后调用 football 中的 fetch()方法。

运行 runner.py 文件后，终端返回的内容为 200。这里的 200 就是 football/start.py 中的 fetch()方法向电子工业出版社发出网络请求后得到的响应状态码，说明我们已经实现了 football-1.5-py3.7.egg 的导入工作，并成功地调用了 football 项目中指定的方法。

需要注意的是，importlib.import_module()方法从 sys.path 中寻找文件，如果没有将 EGG 文件路径添加到 sys.path 中就会引发 ModuleNotFoundError 异常。

6.4.3　编码实现 Python 项目打包

前面我们按照 Setuptools 文档指引完成了 Python 项目的打包，假设我们需要编写一个类似 Scrapyd-Client 的项目 Packages-Client 时，打包指定项目的功能代码应该如何编写呢？

在 6.4.1 节中我们根据文档示例新建了一个名为 setup 的 Python 文件，并将项目名称也写在了代码中，最后执行 bdist_egg 命令完成打包。如果用代码实现，就需要将步骤进行拆分：

（1）生成 setup.py 文件。

（2）允许传入项目名称。

（3）执行 bdist_egg 命令。

首先我们定义 setup.py 文件中的代码模板：

```python
SETUP_TEMPLATE = """from setuptools import setup, find_packages
setup(name='%(project)s', version='%(version)s', packages=
find_packages())
"""
```

这里用占位符预留了项目名称和版本号。然后编写一个能够生成 setup.py 文件的方法：

```python
from os.path import join
def generate_setup(path, **kwargs):
    """生成 setup.py 文件，并写入基础配置"""
    with open(join(path, 'setup.py'), 'w', encoding='utf-8') as f:
        file = SETUP_TEMPLATE % kwargs
        f.write(file)
```

接着定义执行打包操作的方法：

```python
import os
import sys
import logging
from pathlib import Path
from pathlib import PurePath
import subprocess
def builder(name, target_space):
    """ 用 Setuptools 打包 """
    os.chdir(target_space)  # 切换工作路径
    generate_setup(target_space, project=name, version='1.5')
    # 在目标路径执行打包命令
    execute = subprocess.run([sys.executable, 'setup.py', 'bdist_egg',
'-d', target_space],
                    stdout=subprocess.PIPE, stderr=subprocess.PIPE)
    if not execute.returncode:
        logging.info('Project [%s] was build.The egg in [%s]' %
(name, target_space))
    else:
```

```
      logging.warning('subprocess return code not is %s!' %
execute.returncode)
```

在 builder()方法中用 os.chdir()方法将 Python 的工作路径切换到被打包的项目目录，即 football 的父目录。然后调用 generate_setup()方法生成 setup.py 文件。接着使用 subprocess.run()方法生成子进程执行 bdist_egg 命令，并根据子进程返回值判断打包成功或失败。

最后在文件末尾生成路径并调用 builder()方法：

```
if __name__ == '__main__':
    # EGG 文件路径
    file = PurePath.joinpath(Path.cwd(), 'fabia', 'football-1.5-
py3.7.egg')
    execute(file, 'football')
```

至此，Packages-Client 代码编写完成，项目的完整代码可在 GitHub 仓库查看。

本节小结

项目打包和解包运行并没有想象中那么难，我们可以借助内置函数和 Setuptools 工具来达到目的。从今以后，只要符合目录结构的任何 Python 项目都可以打包成 EGG 文件。

6.5　定时功能

定时是爬虫工程师生涯中不可缺少的功能之一，也是工作中最为频繁的需求。本节我们就来学习定时的时间规则和不同环境下的定时功能。

6.5.1　操作系统提供的定时功能

类 UNIX 系统中常用 Crontab 命令设置周期性指令。以 Linux 操作系统为例，用户设定的指令存放于/var/spool/cron 目录中，以指令创建者的名称分开存放，例如用户 root 和用户 sfhfpc 设定的指令将存放在/var/spool/cron/root 和/var/spool/cron/sfhfpc 中。

Crontab 的灵活性非常高，我们可以设定如每隔 1 分钟、每个小时的第 8 分钟、每天早上 8 点、每周第 3 天的 18 点、每个月第 1 周的第 5 天等周期。在 Linux 操作系统中，我们在终端执行 cat/etc/crontab 命令便可查看 Crontab 的时间格式：

```
# .--------------- minute (0 - 59)
```

```
# |  .------------- hour (0 - 23)
# |  |  .---------- day of month (1 - 31)
# |  |  |  .------- month (1 - 12) OR jan,feb,mar,apr ...
# |  |  |  |  .---- day of week (0 - 6) (Sunday=0 or 7) OR
sun,mon,tue,wed,thu,fri,sat
# |  |  |  |  |
# *  *  *  *  *
```

从返回结果中得知，Crontab 的时间格式默认占 5 位：

- 第 1 位代表第 *N* 分钟，范围限定正整数 0～59。
- 第 2 位代表第 *N* 小时，范围限定正整数 0～23。
- 第 3 位代表这个月的第 *N* 天，范围限定正整数 1～31。
- 第 4 位代表第 *N* 月，范围限定正整数 1～12。
- 第 5 位代表这个星期的第 *N* 天，范围限定正整数 0～6 或星期数的简写，其中 Sunday 可用 0 或 7 表示。

需要注意的是，第 *N* 周期和每隔 *N* 周期的写法不同。例如每个小时的第 8 分钟的写法为（其中 Command 代表要执行的命令）：

```
8 * * * * Command
```

每隔 8 分钟的时间格式为：

```
*/8 * * * * Command
```

这里的 "/" 是时间操作符，Crontab 共有 4 种时间操作符，它们分别是：

- *：代表取值范围内的所有时间。
- /：代表每隔多少时间。
- -：可以看作 *x-y*，代表从时间 *x* 到 *y*。
- ,：代表选择多个时间。

根据这个规律，我们很快就可以写出想要的时间格式了。例如，每天早上 8 点的时间格式为：

```
* 8 * * * Command
```

每周一上午 7 点到 10 点的第 5 和第 20 分钟的时间格式为：

```
5,20 7-10 * * 1 Command
```

每周六和每周日的 19 点 15 分的正整数的时间格式为：

```
15 19 * * 6,7 Command
```

换成星期数简写的时间格式为：

```
15 19 * * sat,sun Command
```

掌握了 Crontab 的时间格式后，我们来学习如何添加定时任务、查看定时任务和删除定时任务。

Crontab 添加定时任务的命令为-e，查看定时任务的命令为-l，删除定时任务的命令为-r。当我们想要添加一个每隔 1 分钟将内容 sfhfpc 写入到 wwwroor.txt 文件中时，我们需要在 Linux 终端执行如下命令：

```
$ contab -e
```

命令执行后会进入 Vim 编辑器环境，此时按 I 键就可以进入编辑模式，输入：

```
*/1 * * * * echo "sfhfpc" > /root/wwwroor.txt
```

按 Esc 键，在 Vim 命令模式下输入 ":wq" 命令保存改动并退出编辑器。终端返回内容为 "crontab:installing new crontab" 的提示，说明任务添加成功。现在执行-l 命令查看定时任务列表：

```
$ crontab -l
*/1 * * * * echo "sfhfpc" > /root/wwwroor.txt
```

命令执行后终端立刻显示了刚才我们添加的定时任务。1 分钟后便可以用 cat 命令查看定时任务：

```
$ cat /root/wwwroot.txt
sfhfpc
```

这说明定时任务已经成功执行。除此之外，我们还可以通过 Crontab 的日志查看它的执行情况，在终端输入如下命令：

```
$ cat /var/log/cron
```

在返回的日志信息中可以看到如下内容：

```
Nov 28 12:25:01 VM_0_10_centos CROND[16954]: (root) CMD (echo
"sfhfpc" > /root/wwwroot.txt)
```

这代表 echo"sfhfpc"命令在 12 点 25 分 01 秒时被执行，执行结果写入到/root/wwwroot.txt 文件中。

如果想要删除定时任务，那么使用-r 命令即可：

```
$ crontab -r
```

需要注意的是，-r 命令执行后终端并没有返回消息，但所有定时任务都会被删除，
-r 命令要慎用。如果我们只想删除指定的定时任务，那么使用-e 命令进入编辑状态，
然后删除不想要的定时任务即可。

执行 Python 文件时可以使用类似的语法，首先在/root 目录中准备一个名为 rand
的 Python 文件，文件内容如下：

```python
import random
with open("crontab.txt", "a+") as f:
    f.write(str(random.randint(0, 100)) + "\n")
```

这段代码的作用是以追加的方式往 crontab.txt 文件中写入范围为 0 到 100 的随机
正整数。然后用 crontab -e 命令添加如下任务：

```
*/1 * * * * python /root/rand.py
```

任务添加完成后的下一分钟便可在/root 目录中看到多出了一个名为 crontab.txt 的
文件。随着时间的推移，定时任务不停地执行，crontab.txt 文件中的数字也越来越多。
此时使用 cat 命令查看 crontab.txt 文件的内容如下：

```
9
43
66
23
7
```

这说明我们成功地实现了 Python 文件的定时调度。

6.5.2   编程语言实现的定时功能

在爬虫程序数量较少的情况下，Linux 的 Crontab 基本上可以满足我们对定时调
度的需求。当爬虫程序数量逐渐增多，并且还想要与类似 Scrapyd 这样的部署管理工
具相结合时，Crontab 就无法满足我们的需求了，这时候我们需要一种能够与代码相
结合的定时调度方法。

说到 Python 中与定时或者延时相关的函数，大部分 Python 开发者的第一反应是
sleep()方法。例如，每隔 5 秒调用并打印当前时间，对应的代码如下：

```python
import time
```

```
def show_time():
    # 打印当前时间
    now = datetime.datetime.now()
    print(now.strftime("%Y-%m-%d %H:%M:%S"))


if __name__ == "__main__":
    while True:
        show_time()
        time.sleep(5)  # 设定 5 秒间隔
```

代码运行结果如下：

```
2019-11-28 13:16:03
2019-11-28 13:16:08
2019-11-28 13:16:13
2019-11-28 13:16:18
2019-11-28 13:16:23
2019-11-28 13:16:28
```

效果挺好的。不过 sleep()方法传入的时间单位是秒，与 Linux 的 Crontab 相比逊色不少，显然无法满足日常调度的需求。另一个与定时或者延时相关的函数是 sched.scheduler()，官方示例如下：

```
>>> import sched, time
>>> s = sched.scheduler(time.time, time.sleep)
>>> def print_time(a='default'):
...     print("From print_time", time.time(), a)
...
>>> def print_some_times():
...     print(time.time())
...     s.enter(10, 1, print_time)
...     s.enter(5, 2, print_time, argument=('positional',))
...     s.enter(5, 1, print_time, kwargs={'a': 'keyword'})
...     s.run()
...     print(time.time())
...
>>> print_some_times()
930343690.257
From print_time 930343695.274 positional
From print_time 930343695.275 keyword
```

```
From print_time 930343700.273 default
930343700.276
```

我们依样画葫芦地将代码写到 Python 文件中，具体代码如下：

```python
import sched, datetime


s = sched.scheduler()


def show_time(name):
    # 打印当前时间和传入的参数
    now = datetime.datetime.now()
    print(name, now.strftime("%Y-%m-%d %H:%M:%S"))


def main():
    # 通过enter()方法设定延时并调用指定的方法
    s.enter(2, 2, show_time, argument=('first',))
    s.enter(3, 2, show_time, argument=('second',))
    s.run()


if __name__ == "__main__":
    main()
```

代码运行结果如下：

```
first 2019-11-28 13:27:15
second 2019-11-28 13:27:16
```

由于参数为 second 的调用延时 3 比参数为 first 的调用延时 2 大，所以先打印 first，再打印 second，且两次打印的间隔时间为 1 秒。除了 enter()方法外，还有 enterabs() 方法。将上面代码中的 main()方法替换成下面的代码：

```python
def main():
    # 通过enterabs()方法设定延时并调用指定的方法
    s.enterabs(2, 2, show_time, argument=('first',))
    s.enterabs(2, 1, show_time, argument=('second',))
    s.run()
```

此时代码运行结果如下：

```
second 2019-11-28 13:30:40
first 2019-11-28 13:30:40
```

虽然参数为 first 的调用延时和参数为 second 的调用延时相同，但我们为其设定了不同的优先级，使得先打印了 second，再打印 first。

提示：文档中规定数字越小优先级越高。

线程对象中的 Timer()方法，即 threading.Timer()也能够实现延时效果。但无论是 sched.scheduler()中的 enter()、enterabs()，还是 threading.Timer()，它们的时间单位都是秒，均无法满足日常调度的需求。

这时候，一个名为 APScheduler 的库映入了我的眼帘。

6.5.3　APScheduler

APScheduler 的全称是 Advanced Python Scheduler。APScheduler 能够让任务延时执行或定时执行，还可以根据需求随时添加或删除指定的任务。它还允许将任务存储在数据库中，不会因为程序异常而丢失任务。

我们可以通过 Python 的包管理工具 pip 安装 APScheduler 库，对应的安装命令如下：

```
$ pip install apscheduler
```

在开始编写代码之前，我们先来了解一下 APScheduler 的几个重要组件和我们最关心的时间格式问题。在时间格式方面，APScheduler 提供了能满足不同需求的多种时间格式，它们分别如下。

- date：在某个特定时间仅执行一次，支持类 UNIX 系统中的 Crontab 时间格式。
- interval：以固定的时间间隔执行，时间单位支持秒、分、时、周等。
- cron：在某个特定的时间执行，支持类 UNIX 系统中的 Crontab 时间格式。

APScheduler 的四大组件分别是触发器、任务存储、执行器和调度器。

- 触发器的作用是确定该何时执行任务。
- 任务存储中存放的是任务属性，其中包括时间格式。它的默认存储是程序申请的内存空间，但允许开发者将其切换为支持 MySQL 的 SQLAlchemy，或者将作业存储到 MongoDB 中，又或者将作业存储到 Redis 中。
- 执行器负责执行任务，它会将作业存储中记录的可调用对象交给线程池或进程池执行。
- 调度器使 APScheduler 适用于不同的框架。例如，AsyncIO 模块下应该使用

AsyncIOScheduler；Gevent 框架中应该使用 GeventScheduler；没有使用框架的 Python 程序应该使用 BlockingScheduler。

值得一提的是，这四大组件都可以按需选择，例如选择将作业存储从默认的内存 存储更换为 MongoDB 存储。这样一来，就算程序重新启动也不需要重新设置定时任 务，它会从 MongoDB 中读取任务并按规则执行。

一个简单的 APScheduler 示例如下：

```python
import datetime

from apscheduler.schedulers.blocking import BlockingScheduler


def show_time():
    # 打印当前时间
    now = datetime.datetime.now()
    print("Hello World", now.strftime("%Y-%m-%d %H:%M:%S"))

# 初始化调度器并启动一个时间间隔为 2 秒的任务
sched = BlockingScheduler()
sched.add_job(show_time, 'interval', seconds=2)
sched.start()
```

由于并没有使用任何框架，所以代码导入的调度器是 BlockingScheduler。初始化 调度器后，调用 add_job()方法设置一个时间间隔为 2 秒的任务，这里的任务指向 show_time()方法。代码运行结果如下：

```
Hello World 2019-11-29 09:43:27
Hello World 2019-11-29 09:43:29
Hello World 2019-11-29 09:43:31
Hello World 2019-11-29 09:43:33
Hello World 2019-11-29 09:43:35
```

从运行结果得知，本次设定的时间间隔为 2 秒的任务被成功执行。这里指定的时 间格式为 interval，seconds 代表时间单位为秒，如果将 seconds 改为 minutes，就可以把 时间单位换成分，其他时间单位可翻阅 APScheduler 文档的 apscheduler.triggers.interval 部分。

接下来试试 cron 格式的时间，例如将调用 add_job()方法的语句改为：

```python
sched.add_job(show_time, 'cron', minute='*/2', second='10',
hour='7-22')
```

这里设置了时间格式为 cron，时间间隔为每天 7 点到 22 点之间，每 2 分钟的第 10 秒执行一次的任务。

代码运行结果如下：

```
Hello World 2019-11-29 10:10:10
Hello World 2019-11-29 10:12:10
Hello World 2019-11-29 10:14:10
Hello World 2019-11-29 10:16:10
```

从运行结果得知，本次设定的时间格式为 cron 的任务被成功执行。cron 格式下的时间单位参数可翻阅 APScheduler 文档的 apscheduler.triggers.cron 部分。这里的 cron 格式与我们在 6.5.1 节中使用的不一样，但 APScheduler 也支持与 Linux 中的 Crontab 相同的写法。这里用 Crontab 相同的写法设定时间间隔为每天 7 点到 22 点，每 2 分钟的第 10 秒执行一次的任务：

```
from apscheduler.triggers.cron import CronTrigger
sched.add_job(show_time, CronTrigger.from_crontab('0 0 1-15 may-aug *'))
```

如果你不想让程序周而复始地执行，只想让它在一个特定的时间执行一次，那么时间格式 date 完全可以满足你的需求。将上面调用 add_job()方法的语句改为：

```
sched.add_job(show_time, 'date', run_date=datetime.datetime(2019, 11, 29, 10, 38, 5))
```

程序就会在 2019 年 11 月 29 日 10 点 38 分第 5 秒调用 show_time()方法，代码运行结果如下：

```
Hello World 2019-11-29 10:38:05
```

不过有时候我们希望任务能在特定的周期内周而复始地执行，又该怎么办呢？APScheduler 也考虑到了这一点，它为开发者提供了 start_date 和 end_date，对应示例如下：

```
sched.add_job(show_time, 'cron', minute='*/2', second='10', hour='7-22', start_date='2019-11-30', end_date='2019-12-5')
```

任务将按照此配置在 2019 年 11 月 30 日至 2019 年 12 月 5 日的每天 7 点到 22 点，每 2 分钟的第 10 秒执行一次。

通过几个代码片段的实验，我们可以确认 APScheduler 完全符合日常开发中对于定时任务的需求，更多关于 APScheduler 的知识请翻阅官方文档。

本节小结

我们可以根据不同的场景和需求选择不同的定时任务设置方式，如果要在程序中使用到类似 Linux 中的 Crontab 定时，那么 APScheduler 是一个很好的选择。

6.6　实战：开发 Python 项目管理平台 Sailboat

通过本章前面内容的介绍，我们已经了解了 Python 项目打包和部署的逻辑，期间还学习了与定时任务相关的知识。掌握这些知识后，我们就具备了开发通用 Python 项目部署平台的能力。我们希望这个平台拥有 Scrapyd 中的大部分功能，并且可以扩展出更贴近实际工作场景的功能，平台功能大体如下：

- 支持非框架的 Python 项目，且保留框架项目的接口。
- 与 Scrapyd 类似的项目部署功能。
- 项目异常监控和通知功能。
- 用户注册和登录。
- 权限管理。
- 动态添加或删除定时任务。
- 项目调度记录展示。
- 项目运行日志的收集和展示。

这里我们将这个 Python 项目管理平台叫作 Sailboat。

6.6.1　Sailboat 的模块规划和技术选型

根据前面对 Sailboat 能力的期望，我们大致可以想象到它应该有哪些模块。例如：

- 具有高兼容性的调度器模块。
- 能够对 EGG 文件增/删/改/查的模块。
- 负责监控程序异常的模块。
- 能够对日志文件增/删/改/查的模块。
- 权限管理模块。
- 开放给用户部署项目的 API。
- 开放给用户调度项目的 API。
- 用于展示数据的 API。
- 用户注册和登录的 API。
- 漂亮的前端界面。

图 6-14 描述了 Sailboat 的模块构成。

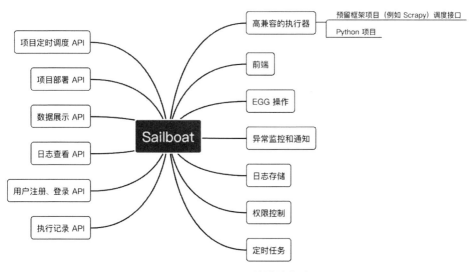

图 6-14　Sailboat 的模块构成

Python 版本更新较快，这里选择相对稳定的 3.6 版本。基于 Python 语言的 Web 框架很多，其中较为知名的是 Django、Flask 和 Tornado。考虑到项目并不大且定制程度较高，这里选择 Flask 作为 Sailboat 的基础框架。

前端不是功能性的重点，这里暂不讨论。

在数据库方面，MySQL、MongoDB 和 SQLite 都是非常热门的数据库，这里选择爬虫工程师常用的 MongoDB 来存储 Sailboat 产生的数据，与之对应的连接库为 PyMongo。

后端开发过程中用到的库安装命令如下：

```
$ pip install flask
$ pip install pymongo
$ pip install apscheduler
```

在开始编写代码之前，我们需要为 Sailboat 创建一个基本的目录结构：

```
|-- sailboat
   |-- handler
    |-- __init__.py
    |-- router.py
      |-- index.py
   |-- components
      |-- __init__.py
   |-- executor
      |-- __init__.py
```

```
|-- settings.py
|-- connect.py
|-- common.py
|-- server.py
```

其中，handler、components 和 executor 都是 Python Package，handler 将用于存放
与视图相关的代码，components 将用于存放 Sailboat 的一些功能性组件，executor 将
用于存放执行器，一些常量会在 settings.py 中定义，connect.py 用于连接 MongoDB 数
据库，common.py 用于存放一些公共对象，server.py 则是整个 Sailboat 项目的服务启
动器。

做好基础准备工作之后，就可以为 Sailboat 设计数据模型了。

6.6.2 Sailboat 的权限设计思路

Sailboat 的定位是企业爬虫团队内部或个人使用的爬虫项目管理平台，非常明确
的一点是，Sailboat 并不会开放给外部的人员使用或访问。团队内部通常有如下几个
角色：

- 超级管理员——SuperUser，能够管理所有人员、项目及相关内容。
- 开发者——Developer，只能够接触到属于自己的项目及相关内容。
- 其他人员——Other，只能查看部分数据，无法接触开发者、管理员项目及相关
  内容。

当然，不排除外部人员访问 Sailboat，他们被划分为 Anonymous。Anonymous 只
能访问注册接口，但显然管理员是不会让他成功登录的。

相对于对外开放的平台来说，技术团队的内部管理和权限划分会简单很多，我们
甚至用不到后端开发中常用的 RBAC 权限模型。Sailboat 用户身份的设计如下：

- Sailboat 的第一个注册用户的身份默认设为 SuperUser，且用户状态为已激活。
- 除第一个用户外，其他用户的身份默认设为 Developer，但用户状态为未激活。
- 其他用户注册后需要主动告知 SuperUser，由 SuperUser 在后台更新用户状态。

Sailboat 用户权限的设计如下：

- 只有用户状态为已激活的用户才能登录。
- 如果你不是 SuperUser，那么你只能接触到属于自己的项目及相关内容，无法
  越权。
- 角色 Other 是为领导或其他工作人员准备的基础数据查看角色，他只能查看部
  分数据。
- 关键内容的删除只能由管理员进行，哪怕是 Developer 也无权删除。

图 6-15 描述了 Sailboat 中各种角色之间的关系。

SuperUser 有权管理其他用户，除 SuperUser 外，其他用户之间各不相关。

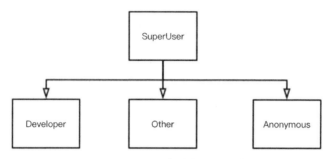

图 6-15　Sailboat 中各种角色之间的关系

6.6.3　Sailboat 的数据结构设计

如果选用的数据库是 MySQL 或者 SQLite，那么为了方便数据操作，我们可能需要通过 ORM 定义一些数据模型，例如：

```python
from tortoise.models import Model
from tortoise.fields import *


class ProjectsModels(Model):
    """ project model """
    id = IntField(pk=True)
    project = CharField(max_length=100, comments="project name")
    version = CharField(max_length=13, null=True, comments="egg version")
    filename = CharField(max_length=160, null=True, comments="egg name")
    creator = CharField(max_length=64, comments='username', null=True)
    create_time = DatetimeField(null=True)

    def __str__(self):
        return self.project
```

之后在其他文件中引入模型就可以轻松完成数据操作了。但这里选用的是 MongoDB 数据库，它随插随入和非结构化存储的特点使得我们能够省略掉数据模型的代码编写，只需要预先规划好数据结构即可。数据结构的设计可以从用户操作流程着手，用户的操作流程大体如下：

（1）注册，填入自己的身份信息。

（2）注册完成后登录 Sailboat 平台。

（3）上传打包好的 Python 项目。

（4）为已上传的 Python 项目设置定时调度规则。

（5）查看 Python 项目执行后产生的执行记录和日志。

从流程可知，我们需要存储用户信息、项目信息、定时调度信息、执行记录信息和日志信息等数据。用户信息结构大体如下：

- 用户 ID。
- 用户名。
- 密码。
- 昵称。
- 邮箱。
- 角色。
- 状态。
- 注册时间。

表 6-1 描述了 MongoDB 数据库中将要存储的用户信息。

表 6-1　用户信息

ID	Username	Password	E-mail	Role	Status	Nick	CreateTime
1	Sfhfpc	123456	567@sfhfpc.com	100	1	算法和反爬虫	2019-11-30 10:06:00
2	Timo	123456	789@sfhfpc.com	10	0	Timo	2019-11-30 10:06:00

设计好用户信息结构之后，我们来看看项目信息结构。项目信息结构大体如下：

- 项目 ID。
- 项目名称。
- 项目版本号。
- 备注信息。
- 上传者用户名。
- 上传者 ID。
- 上传时间。

表 6-2 描述了 MongoDB 中将要存储的项目信息。

表 6-2　项目信息

ID	Project	Version	Remark	Username	Idn	Create
1	Football	1590987878	足球资讯	Timo	2	2019-11-30 10:00:00
2	Golf	1590987999	高尔夫赛事	SFHFPC	1	2019-11-30 10:00:00

用户将项目上传到 Sailboat 之后就可以通过 API 调用指定的项目，项目会根据用户填写的配置进行调度。由此得出调度信息的结构大体如下：

- 调度 ID。
- 项目名称。
- 版本号。
- 定时类型。
- 定时规则。
- 任务编号。
- 创建者 ID。
- 创建者用户名。
- 创建时间。

表 6-3 描述了 MongoDB 中将要存储的调度信息。

表 6-3　调度信息

ID	Project	Version	Mode	Rule	Job	Idn	Username	CreateTime
1	Golf	1590987999	Interval	"5"	79nbihufba	1	Sfhfpc	2019-11-30 10:10:00
2	Football	1590987878	Cron	"* */5 * * *"	uzt6bihuf07	1	Sfhfpc	2019-11-30 10:10:00

当项目运行完毕后，Sailboat 还会记录项目属性、耗时等执行信息。执行信息结构大体如下：

- 记录 ID。
- 项目名称。
- 版本号。
- 定时类型。
- 定时规则。
- 任务编号。
- 执行编号。
- 起始时间。
- 结束时间。
- 运行时长。
- 创建者 ID。
- 创建者用户名。
- 创建时间。

表 6-4 描述了 MongoDB 中将要存储的执行信息。

表 6-4　执行信息

ID	Project	Version	Mode	Rule	Job	Jid	Start	End	Duration	Idn	Username	Create
1	Golf	1590	Interval	"5"	ihufba	f2m8	2019-11-30 10:10:05	2019-11-30 10:11:05	0:1:0	1	Sfhfpc	2019-11-30 10:10:00
2	Football	1591	Cron	"**/5 * * *"	uzt6	B57c	2019-11-30 10:15:00	2019-11-30 10:17:00	0:2:0	1	Sfhfpc	2019-11-30 10:10:00

考虑到执行日志存储在日志文件中比较利于读写，所以不存储在数据库中，也不用为它设计结构。至此，Sailboat 项目的存储结构设计工作结束。

6.6.4　Sailboat 基础结构的搭建

根据 Flask 文档的介绍，我们很快便可以搭建一个简单的 Flask 项目并启动它。在 sailboat/common.py 中写入以下代码：

```
from flask import Flask

app = Flask(__name__)
```

然后在 sailboat/handler/router.py 中写下：

```
from common import app
```

接着在 sailboat/server.py 中写下：

```
from handler.router import app


if __name__ == "__main__":
    app.run(debug=True, port=3031)
```

将连接 MongoDB 数据库的代码写在 sailboat/connect.py 中：

```
from pymongo import MongoClient


client = MongoClient("mongodb://localhost:27017/")
databases = client.sailb
```

创建连接后，就在 MongoDB 中定义了一个名为 sailb 的数据库。后续对 MongoDB 数据库的存取都将围绕 databases 对象进行。

保存后运行 sailboat/server.py 文件，此时控制台输出如下内容：

```
* Serving Flask app "common" (lazy loading)
* Environment: production
  WARNING: This is a development server. Do not use it in a
production deployment.
  Use a production WSGI server instead.
* Debug mode: on
* Running on http://127.0.0.1:3031/ (Press CTRL+C to quit)
* Restarting with stat
* Debugger is active!
* Debugger PIN: 402-843-351
```

输出内容中的 **Running on** 代表 Flask 服务已经启动，后面跟着的 URL 为项目首页地址。此时用浏览器访问该地址，会得到 Not Found 的提示，这是因为我们启动了服务但未编写与视图相关的代码，也未设置路由。那么我们就来写点什么吧！将以下内容写入到 sailboat/handler/index.py 中：

```
from flask.views import MethodView


class IndexHandler(MethodView):

    def get(self):
        return {"message": "Welcome to Sailboat Index.", "code":
200, "data": {}}
```

然后在 sailboat/handler/router.py 中引入 IndexHandler，并设置路由。对应的代码如下：

```
from .index import IndexHandler


# 为接口设定版本入口
version = "/api/v1"

# 绑定路由与视图类
app.add_url_rule(version + '/', view_func=
IndexHandler.as_view(version + '/'))
```

由于启动 Flask 时将 debug 的值设为 True，所以保存代码后 Flask 会自动重启。此时用浏览器访问 http://127.0.0.1:3031/api/v1，页面内容如图 6-16 所示。

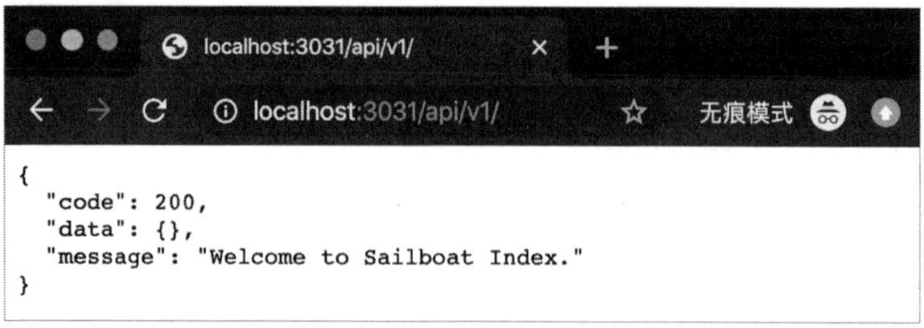

图 6-16　浏览器截图

当用户访问我们在 sailboat/handler/router.py 中设定的路由时，这个请求就会转发到路由绑定的视图类，并将视图类的返回值呈现给用户。我们只需要在 sailboat/handler 中编写视图类代码，并将其与路由绑定即可。了解了 Flask 框架的基本使用方法后，接下来我们将编写用户注册和登录接口。

6.6.5　Sailboat 用户注册和登录接口的编写

在 sailboat/handler 目录下新建名为 users 的 Python 文件，按照 IndexHandler 的编写方法定义 RegisterHandler，对应的代码如下：

```
from flask.views import MethodView


class RegisterHandler(MethodView):

    def post(self):
        return {"message": "success", "code": 201, "data": {}}, 201
```

根据之前对用户信息结构的设计，我们知道用户注册需要提交用户名、密码、昵称和邮箱，这些数据以 JSON 格式发送到 RegisterHandler 的 post()方法中。代码逻辑大体如下：

- 从客户端提交的 JSON 中取出用户信息。
- 判断信息完整性。
- 判断用户是否为首个用户，并根据判断结果设定用户角色和用户状态。
- 提取密码字符串的信息摘要，并将信息摘要作为密码和其他信息一并存储到数据库中。

在 Flask 框架中，取出客户端提交的信息时需要用到 request 对象，所以这里需要引入 request：

```
from flask import request
```

用户角色和用户状态是固定值，这些可以用枚举来定义。在 sailboat/component 中新建名为 enums 的 Python 文件，并定义用户角色和用户状态。对应的代码如下：

```python
from enum import Enum


class Role(Enum):
    """用户角色
    SuperUser 角色的数值设为 100
    Developer 角色的数值设为 10
    Other 角色的数值设为 1
    Anonymous 角色的数值设为 0
    """
    SuperUser = 100
    Developer = 10
    Other = 1
    Anonymous = 0


class Status(Enum):
    """用户状态
    已激活状态用 On 表示，数值设为 1
    未激活状态用 Off 表示，数值设为 0
    """
    On = 1
    Off = 0
```

用户在与 Sailboat 交互的过程中可能会产生很多异常，这时候需要让用户知道具体的错误原因，而不仅仅是通过 400、403 等状态码表达，所以这里需要定义一些常见的错误提示，例如 not found、no auth 和 path error 等。对应的代码如下：

```python
class StatusCode(Enum):
    """错误提示
    """
    NoAuth = ("no auth", 403)
    MissingParameter = ("missing parameter", 4001)
    IsNotYours = ("is not yours", 4002)
    ParameterError = ("parameter error", 4003)
    UserStatusOff = ("user status off", 4004)
    NotFound = ("not found", 4005)
    JsonDecodeError = ("JSONDecode Error", 4006)
    PathError = ("path error", 4007)
```

```
OperationError = ("operation error", 4008)
TokenOverdue = ("token overdue", 4009)
```

完成枚举对象的定义后，到 sailboat/handler/user.py 中将它们引入：

```
from component.enums import Role, Status, StatusCode
```

接下来编写用户注册的主体代码，即将上面整理的代码逻辑变成代码。代码片段 6-6 为 RegisterHandler 的完整代码。

代码片段 6-6

```
class RegisterHandler(MethodView):

    def post(self):
        username = request.json.get("username")
        pwd = request.json.get("password")
        nick = request.json.get("nick")
        email = request.json.get("email")
        if not username or not pwd or not nick or not email or "@"
not in email:
            return {"message": StatusCode.ParameterError.value[0],
                    "data": {},
                    "code": StatusCode.ParameterError.value[1]
                    }, 400
        password = pwd
        count = databases.user.count_documents({})
        if not count:
            # 首次注册的账户为超级管理员，启动激活
            role = Role.SuperUser.value
            message = {"username": username, "password": password,
                       "nick": nick, "email": email,
                       "role": role, "status": Status.On.value}
        else:
            # 非首次注册账户默认为开发者，且未激活
            role = Role.Developer.value
            message = {"username": username, "password": password,
                       "nick": nick, "email": email,
                       "role": role, "status": Status.Off.value}
        message["create"] = datetime.now()
        # 将信息写入数据库并将相应信息返回给用户
        inserted = databases.user.insert_one(message).inserted_id
        message["id"] = str(inserted)
```

```
message["username"] = username
message["email"] = email
message["role"] = role
message.pop("_id")
return {"message": "success", "data": message, "code": 201}, 201
```

代码片段 6-6 中的 password 是直接存储到数据库中的，并没有经过信息摘要提取这一步。这里我们还需要编写一个信息摘要提取方法，计算 password 的信息摘要后将计算结果作为用户密码存储到数据库中。在 sailboat/component 中新建名为 utils 的 Python 文件，并写入如下代码：

```
import hashlib


def md5_encode(value):
    """ MD5 信息摘要"""
    h = hashlib.md5()
    h.update(value.encode("utf8"))
    res = h.hexdigest()
    return res
```

将 md5_encode 引入到 sailboat/handler/users.py 文件中，并调整与 password 相关的代码。具体变动如下：

```
+ from component.utils import md5_encode
- password = pwd
+ password = md5_encode(pwd)
```

以用户密码明文字符串的信息摘要作为用户密码是目前广泛使用的用户密码保护手段之一。

完成上述步骤后，在路由配置文件中引入 RegisterHandler 后将其路由设置为/reg。接着用 API 工具 Postman 测试用户注册功能。打开 Postman 工具并在界面中的地址栏中输入 http://localhost:3031/api/v1/reg，将地址栏左侧的请求方式设为 POST，在地址栏下方的 Headers 面板中添加 Content-Type:application/json，将地址栏下方的 Body 面板切换到 raw 模式，并填入用户信息：

```
{
    "username": "timo",
    "password": "123456",
    "nick": "提莫",
    "email": "timo@qq.com"
}
```

Postman 工具中的具体设置和相应信息如图 6-17 所示。

图 6-17　Postman 界面

设置完成后点击右侧的 Send 按钮，接着 Postman 的下半部分就会显示服务端返回的信息：

```
{
  "code": 201,
  "data": {
    "create": "Sun, 15 Dec 2019 12:05:45 GMT",
    "email": "timo@qq.com",
    "id": "5df5b119cee3114100ebfd24",
    "nick": "提莫",
    "password": "123456",
    "role": 100,
    "status": 1,
    "username": "timo"
  },
  "message": "success"
}
```

从服务端返回的信息中得知用户 timo 注册成功。timo 的角色值为 100，即他的角色为 SuperUser。timo 的用户状态为 1，即已激活。当我们注册另外一个用户时，服务端返回的信息如下：

```
{
  "code": 201,
  "data": {
    "create": "Sun, 15 Dec 2019 12:19:27 GMT",
    "email": "raven@qq.com",
    "id": "5df5b44f632ef812de3b79be",
    "nick": "锐雯",
    "password": "e10adc3949ba59abbe56e057f20f883e",
```

```
      "role": 10,
      "status": 0,
      "username": "raven"
    },
    "message": "success"
}
```

此时用户 raven 的角色值不再是 100，用户状态也不是 1。这说明我们编写的代码符合之前设计的用户权限设想。

用户登录时仅需要输入用户名和密码即可，服务端对这两个值进行校验，并根据校验情况返回登录结果。用户登录的代码逻辑大体如下：

- 从客户端提交的 JSON 中取出用户信息。
- 判断信息完整性。
- 从数据库中读取相应的数据，校验用户是否存在以及用户状态是否为已激活。
- 如果用户信息通过校验则生成用户凭证，构造登录结果并返回给客户端。

有了编写注册接口的经验，那么登录的代码也就不难了。这里将登录视图类的名称设为 LoginHandler，代码片段 6-7 为 LoginHandler 的完整代码。

代码片段 6-7

```
class LoginHandler(MethodView):

    def post(self):
        username = request.json.get("username")
        pwd = request.json.get("password")
        password = md5_encode(pwd)
        # 支持用户名或邮箱登录
        query = {"username": username, "password": password}
        name_exit = databases.user.count_documents(query)
        # 校验用户是否存在
        if not name_exit:
            query = {"email": username, "password": password}
        result = databases.user.find_one(query)
        if not result:
            return {"message": StatusCode.NotFound.value[0],
                    "data": {},
                    "code": StatusCode.NotFound.value[1]
                    }, 400
        # 校验用户状态
        status = result.get("status")
```

```
if not status:
    return {"message": StatusCode.UserStatusOff.value[0],
            "data": {},
            "code": StatusCode.UserStatusOff.value[1]
            }, 400
# 返回登录结果
return {"message": "success",
        "data": {"username": username},
        "code": 200}
```

LoginHandler 与 RegisterHandler 都是用户相关的视图类，所以将它们放在同一个文件中。保存代码后为 LoginHandler 设置路由。此时按照图 6-18 中 Postman 的参数设置向/login 路由发出 POST 请求。

图 6-18　Postman 界面

点击 Send 按钮后，服务端返回的信息如下：

```
{
    "code": 200,
    "data": {
        "username": "timo"
    },
    "message": "success"
}
```

这说明用户登录功能正常。由于我们并没有编写与用户凭证相关的代码，所以登录接口返回的信息并没有实际意义。在前后端分离的项目中，后端返回的用户凭证通常是 Token。Token 是包含用户身份信息的加密字符串，加密算法通常是对称加密中的 SHA256，也可以选择其他加密算法。

用户身份信息通过服务端的校验后，服务端为用户生成具有时效性的 Token，并将 Token 返回给客户端。往后客户端的每次请求都需要携带 Token，而服务端则会将客户端提交的 Token 解密，并从中拿到用户身份信息。图 6-19 描述了 Token 在双端交互中的作用。

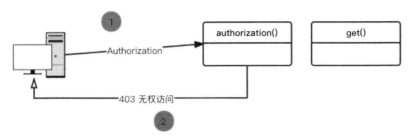

图 6-19　Token 在双端交互中的作用

如果拿到的用户角色所拥有的权限与当前设定的权限不符，则返回 403 状态码，并提示无权访问。

Sailboat 也采用 Token 来鉴别用户身份，这里借助第三方库 PyJWT 实现 Token 的生成和解密。对应的安装命令如下：

```
$ pip install pyjwt
```

生成和解密的示例代码如下：

```
>>> import jwt

>>> encoded_jwt = jwt.encode({'some': 'payload'}, 'secret',
algorithm='HS256')
>>> encoded_jwt
'eyJhbGciOiJIUzI1NiIsInR5cCI6IkpXVCJ9.eyJzb21lIjoicGF5bG9hZCJ9.4t
wFt5NiznN84AWoo1d7KO1T_yoc0Z6XOpOVswacPZg'

>>> jwt.decode(encoded_jwt, 'secret', algorithms=['HS256'])
{'some': 'payload'}
```

其中用到几个参数：

- 主体信息。
- 密钥。
- 加密算法。

在 Sailboat 中，主体信息就是用户的身份信息，加密算法选用 PyJWT 示例中使用的 HS256，密钥可以自行定义。注意到密钥在加密和解密时都会用到，所以我们将密钥内容赋值给常量，并放置在 sailboat/settings.py 文件中：

```
SECRET = "90jl-size-267k-10sc-25xl"
```

　　密钥的数据类型为字符串，具体内容不受限制，建议采用 4 字符与短横线连接的组合。接着改动 LoginHandler 中 post()方法中的代码，代码改动情况如下：

```
+ import jwt
+ from datetime import timedelta
+ from settings import SECRET


    - # 返回登录结果
    - return {"message": "success",
            "data": {"username": username},
            "code": 200}

    + # 构造生成 Token 所用到的元素, Token 默认 8 小时过期
    + exp = datetime.now() + timedelta(hours=8)
    + express = exp.strftime("%Y-%m-%d %H:%M:%S")
    + payload = {"username": username, "password": password,
                "status": status, "role": result.get("role"),
                "express": express}
    + token = str(jwt.encode(payload, SECRET, algorithm='HS256'),
"utf8")
    + return {"message": "success",
        "data": {
            "username": username, "role": result.get("role"),
            "token": token
        },
        "code": 200}
```

　　登录一次永久可用不是我们想要的结果，所以这里为 Token 设定了默认的过期时间。Token 过期时间、用户名、用户角色和用户状态共同组成了 Token 的主体信息，密钥引用 sailboat/settings.py 中定义的常量 SECRET，最后将生成的 Token 和用户的基本信息一同返回给客户端。保存改动后再次执行登录操作，此时服务端返回的信息如下：

```
{
  "code": 200,
  "data": {
    "role": 100,
    "token": "eyJ0eXAiOiJKV1QiLCJhbGciOiJIUzI1NiJ9.eyJ1c2VybmFt
ZSI6InRpbW8iLCJwYXNzd29yZCI6ImUxMGFkYzM5NDliYTU5YWJiZTU2ZTA1N2YyZmY4
ODNlIiwic3RhdHVzIjoxLCJyb2xlIjoxMDAsImV4cHJlc3MiOiIyMDE5LTEyLTE1IDIz
```

OjQzOjE0In0.U69ickivPytzb3ZVXnLPjT845jugvYndExsGLpEOQps",
```
      "username": "timo"
    },
    "message": "success"
  }
```

　　以上就是 Sailboat 用户注册和登录接口的具体实现，接下来我们将学习权限验证逻辑和对应的代码实现。

6.6.6　Sailboat 权限验证装饰器的编写

　　上一节实现了 Token 生成的功能，那么问题来了：

- 客户端请求时如何携带 Token 呢？
- 在哪里对 Token 进行校验呢？
- 校验哪些信息呢？
- 如何判断 Token 的时效性呢？

　　请求时携带自定义请求参数的方式有很多，例如将其拼接到 URL 中、在表单中夹带或者放在请求头中，前端开发工程师和后端开发工程师双方约定好即可。常用的携带方式是放在请求头中，头域字段为 Authorization，Token 作为值，后端工程师从请求头中取出 Authorization 头域对应的值即可。带有 Authorization 的 HTTP 请求头看上去是这样的：

```
POST /api/v1/login HTTP/1.1
Host: localhost:3031
Authorization: eyJ0eXAiOiJKV1QiLCJhbGciOiJIUzI1NiJ9.eyJ1c2VybmFt
ZSI6InRpbW8iLCJwYXNzd29yZCI6ImUxMGFkYzM5NDliYTU5YWJiZTU2ZTA1N2YyZMGY4O
DNliiwic3RhdHVzIjoxLCJyb2xlIjoxMDAsImV4cHJlc3MiOiIyMDE5LTEyLTE1IDIzO
jQzOjE0In0.U69ickivPytzb3ZVXnLPjT845jugvYndExsGLpEOQps
Content-Type: application/json
User-Agent: PostmanRuntime/7.20.1
Accept: */*
Cache-Control: no-cache
Host: localhost:3031
Accept-Encoding: gzip, deflate
Content-Length: 52
Connection: keep-alive
cache-control: no-cache
```

　　Python 的装饰器赋予了 Python 语言极大的灵活性，我们可以为 Token 的校验工

作编写一个装饰器，然后将装饰器应用到需要鉴权的方法上即可。鉴权装饰器的基础
结构如下：

```
def authorization(func):
    """鉴权装饰器"""
    def wrapper(*args, **kw):
        """用户凭证校验代码写在此处"""

        return func(*args, **kw)
    return wrapper
```

我们只需要将与用户凭证校验相关的代码写在 wrapper()方法中即可。之前编写过
Token 生成的代码，参考 PyJWT 的文档不难写出 Token 解密的代码：

```
token = request.headers.get("Authorization")
info = jwt.decode(token, SECRET, algorithms='HS256')
```

解密结果就是加密前的 Token 的主体信息，使用 get()方法便可取出指定键对应的
值。这里需要对用户身份进行校验，确保是已注册且状态为已激活的用户，所以需要
查询数据库：

```
username = info.get("username")
password = info.get("password")
# 查询数据库并进行判断
exists = databases.user.count_documents(
        {"username": username, "password": password, "status":
Status.On.value})
    if not exists:
        return {"message": StatusCode.UserStatusOff.value[0],
            "data": {},
            "code": StatusCode.UserStatusOff.value[1]
            }, 400
```

如果用户不存在则返回相应提示。Token 的时效性问题，用当前时间减去 Token 中
的时间，运算结果为负数则代表 Token 已过期：

```
express = info.get("express")

def is_overdue(express):
    """判断是否过期"""
    end = datetime.strptime(express, "%Y-%m-%d %H:%M:%S")
    delta = datetime.now() - end
```

```
    if delta.days < 0 or delta.seconds < 0:
        # 时间差值出现负数则视为过期
        return True
    else:
        return False


# 判断令牌是否过期
overdue = is_overdue(express)
if not overdue:
        return {"message": StatusCode.TokenOverdue.value[0],
                "data": {},
                "code": StatusCode.TokenOverdue.value[1]
                }, 403
```

如果 Token 过期则返回相应提示。

要解决的最后一个问题是鉴权，我们从请求头中取到了 Token，但如何判断用户是有权限还是无权限呢？这很简单，在需要鉴权的视图类中设定权限级别，并将鉴权装饰器作用在某个方法上即可。我们将鉴权装饰器写在 sailboat/handler/auth.py 文件中，然后在需要用到它的文件中引入它。例如，将 IndexHandler 视图类的权限级别设为 Other，并为 get()方法加上鉴权装饰器，对应的代码改动如下：

```
+ from component.enums import Role
+ from component.auth import authorization

class IndexHandler(MethodView):

+     permission = Role.Other

+         @authorization
        def get(self):
            ......
```

在鉴权装饰器中，我们可以从 args 对象中取出视图类设定的 permission：

```
permission = args[0].permission.get("permission")
```

接着从 Token 中取出用户角色，通过比较运算判断权限级别，对于权限级别不够的请求返回相应提示：

```
role = info.get("role")
if role < permission.value:
        # 通过比较运算判断权限级别
```

```
return {"message": StatusCode.NoAuth.value[0],
        "data": {},
        "code": StatusCode.NoAuth.value[1]
        }, 403
```

至此，我们完成了 Sailboat 权限验证装饰器的代码编写。

提示：在开发过程中为了减少不必要的权限干扰，可以不使用鉴权功能，待开发完毕后为需要鉴权的方法逐一加上鉴权装饰器即可。

6.6.7　Sailboat 项目部署接口和文件操作对象的编写

项目部署实际上是用户将本机上的 EGG 文件上传到运行着 Sailboat 的服务器上的过程。其中涉及文件上传和文件存储相关的知识。在 6.3 节中，我们了解了 Scrapyd 在项目部署过程中对 EGG 文件的处理流程，看过 eggstorage 对象源码的读者可知，处理 EGG 文件的对象中包含几个功能：

- 文件存储。
- 文件拷贝。
- 文件删除。
- 检查文件是否存在。

文件拷贝功能在项目解包运行时使用，此时会将目标项目的 EGG 文件拷贝到临时区，解包运行完毕后再删除临时区中对应的 EGG 文件，这样可以保护项目原 EGG 文件的完整性，避免多个进程同时读取和解包可能造成的异常。图 6-20 描述了 EGG 文件副本 EGG2 的生命周期。

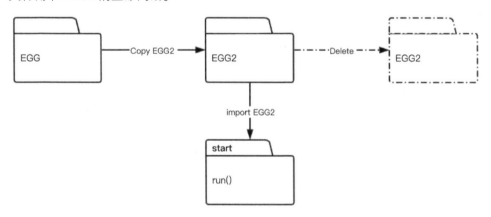

图 6-20　EGG2 的生命周期

需要注意的是，文件存取或者删除时通常会遇到因路径不存在引发的异常，所以拷贝、读取或删除前都需要检查文件是否存在。代码片段 6-8 为 Sailboat 中文件存储对象 FileStorages 的完成代码。

代码片段 6-8

```python
import os
import logging
import shutil
from settings import FILEPATH, TEMPATH


class FileStorages:

    @staticmethod
    def put(project, version, content):
        """文件存储
        """
        # 根据项目名称生成路径
        room = os.path.join(FILEPATH, project)
        if not os.path.exists(room):
            # 如果目录不存在则创建
            os.makedirs(room)
        # 拼接文件完整路径，以时间戳作为文件名
        filename = os.path.join(room, "%s.egg" % str(version))
        try:
            with open(filename, 'wb') as file:
                # 写入文件
                file.write(content)
        except Exception as exc:
            # 异常处理，打印异常信息
            logging.warning(exc)
            return False
        return True

    def get(self):
        pass

    @staticmethod
    def delete(project, version):
        """文件删除状态
        A - 文件或目录存在且成功删除
        B - 文件或目录不存在，无须删除
```

```python
    """
    sign = 'B'
    room = os.path.join(FILEPATH, project)
    if project and version:
        # 删除指定文件
        filename = os.path.join(room, "%s.egg" % str(version))
        if os.path.exists(filename):
            sign = 'A'
            os.remove(filename)
    if project and not version:
        # 删除指定目录
        if os.path.exists(room):
            sign = 'A'
            shutil.rmtree(room)
    return sign


@staticmethod
def copy_to_temporary(project, version):
    """根据参数将指定文件拷贝到指定目录
    """
    before = os.path.join(FILEPATH, project, "%s.egg" % version)
    after = os.path.join(TEMPATH, "%s.egg" % version)
    if not os.path.exists(before):
        logging.warning("File %s Not Exists" % before)
        return None
    if not os.path.exists(TEMPATH):
        os.makedirs(TEMPATH)
    # 文件拷贝
    shutil.copyfile(before, after)
    return after


@staticmethod
def exists(project, version):
    """检查指定项目名称和版本号的文件是否存在"""
    file = os.path.join(FILEPATH, project, "%s.egg" % version)
    if not os.path.exists(file):
        return False
    return True
```

在 sailboat/component 中新建名为 storage 的 Python 文件，并将 FileStorages 对象的完整代码写入文件中。从 sailboat/settings.py 文件中引入的 FILEPATH 和 TEMPATH

是 Sailboat 项目存储 EGG 文件和执行时用到的临时区目录，它们的具体定义如下：

```
import os


CURRENTPATH = os.path.abspath(os.path.dirname(__file__))
FILEPATH = os.path.join(CURRENTPATH, 'files')
TEMPATH = os.path.join(CURRENTPATH, 'temporary')
```

用户上传的 EGG 文件将存储在 sailboat/files 目录下，而执行时用到的临时区目录的路径则是 sailboat/temproary。

编写好文件操作对象后，项目部署的代码就完成一半了。在 sailboat/handler 中新建名为 deploy 的 Python 文件，并编写部署视图类的基础结构代码：

```
from flask.views import MethodView


class DeployHandler(MethodView):

    def post(self):
        """项目部署接口"""
        return {"message": "success",
                "code": 201,
                "data": {}}, 201
```

项目部署接口的编写和用户注册接口类似，只不过多了文件接收和存储的步骤，有过之前的接口编写经验，加上设计过项目部署信息的数据结构，不难写出 DeployHandler 的代码。代码片段 6-9 为 DeployHandler 的完整代码。

代码片段 6-9

```
import time
from datetime import datetime
from flask.views import MethodView
from flask import request

from component.enums import StatusCode
from component.storage import FileStorages
from connect import databases


storages = FileStorages()
```

```python
class DeployHandler(MethodView):

    def post(self):
        """项目部署接口"""
        project = request.form.get('project')
        remark = request.form.get('remark')
        file = request.files.get('file')
        if not project or not file:
            # 确保参数和值存在
            return {"message": StatusCode.MissingParameter.value[0],
                    "data": {},
                    "code": StatusCode.MissingParameter.value[1]
                    }, 400
        filename = file.filename
        if not filename.endswith('.egg'):
            # 确保文件类型正确
            return {"message": StatusCode.NotFound.value[0],
                    "data": {},
                    "code": StatusCode.NotFound.value[1]
                    }, 400
        version = int(time.time())
        content = file.stream.read()
        # 将文件存储到服务端
        result = storages.put(project, version, content)
        if not result:
            # 存储失败则返回相关提示
            return {"message": StatusCode.OperationError.value[0],
                    "data": {},
                    "code": StatusCode.OperationError.value[1]
                    }, 400
        message = {"project": project,
                   "version": str(version),
                   "remark": remark or "Nothing",
                   "create": datetime.now()}
        databases.deploy.insert_one(message).inserted_id
        message["_id"] = str(message.pop("_id"))
        return {"message": "success",
                "data": message,
                "code": 201}, 201
```

从用户提交的参数中取出 project、file 和 remark，然后对它们进行一些基础校验，例如完整性和文件类型等。爬虫工程师有时候会运行不同版本的项目，Sailboat 设计时也将其考虑在内，我们用时间戳作为 EGG 文件的版本号。参数校验通过后调用 FileStorages 对象的 put()方法将 EGG 文件存储到 sailboat/files 目录中。接着构造项目信息，并将信息存储到数据库中。最后将项目信息作为部署结果返回给用户。

代码保存后在路由配置中为 DeployHandler 设置路由，然后用 Postman 工具测试一下项目部署接口的功能。Postman 工具中的具体设置和相应信息如图 6-21 所示。

图 6-21 Postman 界面

此处用于测试的 EGG 文件通过 6.4 节中介绍的打包工具打包而得。点击 Send 按钮后，服务端返回的信息如下：

```
{
  "code": 201,
  "data": {
    "_id": "5df6053bb929457eaa854426",
    "create": "Sun, 15 Dec 2019 18:04:43 GMT",
    "project": "football",
    "remark": "足球赛事爬虫程序",
    "version": "1576404283"
  },
  "message": "success"
}
```

返回的信息说明本次项目部署成功，项目版本号为 1576404283。sailboat/files 目录的结构如下：

```
|-- sailboat
   |-- files
      |-- football
         |-- 1576404283.egg
```

用户上传的 EGG 文件以项目名称作为区分条件，每个项目都有对应的同名目录，而目录中存储的则是该项目不同版本的 EGG 文件。

项目部署时并没有存储与用户相关的信息，我们需要在构造项目信息时加入用户 ID 和用户名。这两个信息可以从 Token 中提取，考虑到这种情形也会出现在其他视图类中，所以将从 Token 中提取用户信息的代码封装成一个方法，放在 sailboat/component/auth.py 文件中。对应的代码如下：

```python
def get_user_info(token):
    """从签名中获取用户信息"""
    info = jwt.decode(token, SECRET, algorithms='HS256')
    username = info.get("username")
    password = info.get("password")
    express = info.get("express")
    role = info.get("role")
    overdue = is_overdue(express)
    if not overdue:
        return False
    exists = databases.user.count_documents(
        {"username": username, "password": password, "status":
Status.On.value})
    if not exists:
        return False
    idn = databases.user.find_one({"username": username,
"password": password}).get("_id")
    return str(idn), username, role
```

然后将其引入到 DeployHandler 所在的文件中：

```python
from component.auth import get_user_info
```

接着编写 Token 获取和用户信息提取的代码，并在构造项目信息时将用户信息加入其中。对应的代码改动如下：

```python
- message = {"project": project,
             "version": str(version),
             "remark": remark or "Nothing",
             "create": datetime.now()}

+ token = request.headers.get("Authorization")
+ idn, username, role = get_user_info(token)
+ message = {"project": project,
             "version": str(version),
```

```
"remark": remark or "Nothing",
"idn": idn,
"username": username,
"create": datetime.now()}
```

保存改动后用 Postman 工具再次发起部署请求，发起请求前记得将 Token 添加到 Headers 中。最终服务端返回的项目信息如下：

```
{
  "code": 201,
  "data": {
    "_id": "5df60e993e7411009bc78085",
    "create": "Sun, 15 Dec 2019 18:44:41 GMT",
    "idn": "5df5b119cee3114100ebfd24",
    "project": "football",
    "remark": "足球赛事爬虫程序",
    "username": "timo",
    "version": "1576406681"
  },
  "message": "success"
}
```

可以看到，用户 ID 和用户名出现在返回信息中。至此，我们完成了 Sailboat 项目部署接口的功能编写。

项目部署成功之后，肯定是需要进行调度的，调度执行期间产生的日志和异常信息将被记录下来，Sailboat 监控到异常的产生时会对其进行整理，并将整理后的汇总信息通过社交应用软件或邮件发送给平台相关人员。图 6-22 描述了 Sailboat 项目调度到通知的整个流程。

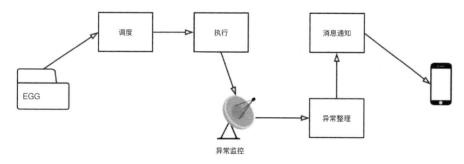

图 6-22　Sailboat 项目调度到通知的流程

Sailboat 将通过集成 APScheduler 实现项目定时调度的功能；项目的执行则通过子进程和上下文管理器实现；异常监控与子进程有关联；消息通知功能将与社交应用

软件钉钉结合。整个流程较长，涉及的模块较多，接下来我们将逐一学习具体功能的设计和实现。

6.6.8　Sailboat 项目调度接口的编写

项目调度接口与用户注册接口类似，从用户提交的请求中取出参数并进行验证，调用 APScheduler 中的 add_job() 方法实现定时任务，最后将调度信息存储到数据库中。

流程很清晰，根据之前设计的调度信息数据结构和 DeployHandler 的编写经验，不难写出调度视图类 TimerHandler 的代码：

```python
from uuid import uuid4
from datetime import datetime
from flask.views import MethodView
from flask import request

from component.enums import StatusCode
from component.storage import FileStorages
from connect import databases
from component.auth import get_user_info


storages = FileStorages()


class TimerHandler(MethodView):

    def post(self):
        project = request.json.get('project')
        version = request.json.get('version')
        mode = request.json.get('mode')
        rule = request.json.get('rule')
        if not project or not rule or not version:
            return {"message": StatusCode.ParameterError.value[0],
                    "data": {},
                    "code": StatusCode.ParameterError.value[1]
                    }, 400
        if not storages.exists(project, version):
            return {"message": StatusCode.NotFound.value[0],
                    "data": {},
                    "code": StatusCode.NotFound.value[1]
                    }, 400
```

```
token = request.headers.get("Authorization")
idn, username, role = get_user_info(token)
# 生成唯一值作为任务标识
jid = str(uuid4())
# 添加任务，这里用双星号传入时间参数
try:
    scheduler.add_job()
except Exception as exc:
    return {"message": StatusCode.ParameterError.value[0],
            "data": {},
            "code": StatusCode.ParameterError.value[1]
            }, 400


# 将信息保存到数据库
message = {"project": project, "version": version,
           "mode": mode, "rule": rule,
           "jid": jid, "idn": idn,
           "username": username,
           "create": datetime.now()}
inserted = databases.timers.insert_one(message).inserted_id
return {"message": "success",
        "data": {"project": project, "version": version,
"jid": jid, "inserted": str(inserted)},
        "code": 201}, 201
```

这里需要注意的是，APScheduler 尚未引入，也未初始化。根据 6.5 节中对 APScheduler 的介绍得知，它的定时任务配置可存储在数据库中，这样就算服务重启也不会丢失定时任务配置，这里我们将它的定时任务存储到 MongoDB 中。在 sailboat/common.py 文件中加入以下代码：

```
from apscheduler.schedulers.background import BackgroundScheduler
from apscheduler.jobstores.mongodb import MongoDBJobStore
from connect import client

# 将任务信息存储到 MongoDB
store = {"default": MongoDBJobStore(client=client)}
# 初始化 APScheduler
scheduler = BackgroundScheduler(jobstores=store)
```

配置好后还需要启动 APScheduler 服务。将启动服务的代码放到 sailboat/server.py 文件中，对应的代码改动如下：

```
from handler.router import app
+ from common import scheduler


if __name__ == "__main__":
+    scheduler.start()
    app.run(debug=True, port=3031)
```

然后在 TimerHandler 所在的文件中引入 APScheduler 实例：

```
from common import scheduler
```

保存代码后为 TimerHandler 设置路由，然后使用 Postman 工具对调度接口进行测试。Postman 工具中的具体设置和相应信息如图 6-23 所示。

图 6-23　Postman 界面

需要注意的是，TimerHandler 中接收的是 JSON 数据，所以用 Postman 发送请求时需要设置请求头 Content-Type 为 application/json，参数需要填写在 Body 面板中的 raw 框中。点击 Send 按钮后，服务端返回的信息如下：

```
{
  "code": 4003,
  "data": {},
  "message": "parameter error"
}
```

出现 parameter error 提示是因为我们并未为 APScheduler 的 add_job()方法指定调用方法名。在 Sailboat 中，这个被调用的方法就是执行 Python 项目解包运行的执行器方法名称。

6.6.9　Sailboat 执行器的编写和日志的生成

在 sailboat/executor 中新建名为 actuator 的 Python 文件，并定义执行者方法。对应的代码如下：

```
def performer(*args, **kwargs):
    """执行者
    """
    print("performer running")
```

将其引入到 TimerHandler 所在的文件，并传给 APScheduler 的 add_job()方法。代码改动如下：

```
+ from executor.actuator import performer
- scheduler.add_job()
+ scheduler.add_job(performer)
```

保存改动后，再次用 Postman 工具测试。此时服务端返回的信息如下：

```
{
  "code": 201,
  "data": {
    "inserted": "5df61dc195b8f067600e3494",
    "jid": "bb2f8fc3-f2d8-4492-89d7-3ca0fb5956f2",
    "project": "football",
    "version": "1576406681"
  },
  "message": "success"
}
```

并且运行 Sailboat 的控制台输出了 performer()方法中打印的内容：

```
performer running
```

这说明调度接口能够正常工作了。现在我们要做的是完善执行器的代码，让 Sailboat 能够定时调度指定的 EGG 文件。

执行器要完成的工作并不多，大体流程如下：

- 解包 EGG 文件。
- 执行文件中指定的方法。
- 记录执行时间。
- 构造执行信息并存入数据库。

项目的解包和执行可以使用多进程或者多线程执行，最大化地发挥服务器的能力。考虑到项目日志的获取和生成，这里用 Python 中的内置函数 subprocess.Popen()启动执行器，这样就可以获取到被执行项目在运行过程中的输出和异常信息，这正是被执行项目日志生成的基础。

在 6.4 节中，我们学习了 EGG 文件的打包和解包运行的相关知识，Sailboat 的执行器代码便不难设计：

- 执行器启动时接收传入的参数。
- 构造 EGG 文件路径。
- 解包 EGG 文件。
- 调用 EGG 文件中指定的方法。

这里我们选择将 EGG 文件拷贝到临时区执行，执行完毕后需要删除临时区中对应的文件。熟悉 Python 上下文管理器的读者很快就得出了执行器的整体框架：

```python
class Helmsman:
    """为文件导入和执行创造条件的上下文管理器"""
    def __init__(self, project, version):


    def __enter__(self):
        """上文"""
        # 将文件拷贝到临时区


    def __exit__(self, exc_type, exc_val, exc_tb):
        """下文"""
        # 清理临时区中对应的文件


def main(project, version):
    pass


if __name__ == "__main__":
    project, version = sys.argv[-2], sys.argv[-1]
    main(project, version)
```

接着只需要填充上下文管理器中的代码即可，代码片段 6-10 为执行器 sailboat/executor/boat.py 文件的完整代码。

代码片段 6-10

```python
import os
import sys
from importlib import import_module

from component.storage import FileStorages


storages = FileStorages()


class Helmsman:
    """为文件导入和执行创造条件的上下文管理器"""
    def __init__(self, project, version):
        self.project = project
        self.version = version
        self.storage = storages
        self.temp_file = ""

    def __enter__(self):
        """上文"""
        # 将文件拷贝到临时区
        target = self.storage.copy_to_temporary(project, version)
        self.temp_file = target
        if target:
            # 将文件路径添加到 sys.path
            sys.path.insert(0, target)

    def __exit__(self, exc_type, exc_val, exc_tb):
        """下文"""
        if os.path.exists(self.temp_file):
            # 清理临时区中对应的文件
            os.remove(self.temp_file)


def main(project, version):
    helmsman = Helmsman(project, version)
    with helmsman:
        # 从指定的文件中导入模块并调用指定方法
        spider = import_module("sail")
        spider.main()
```

```
if __name__ == "__main__":
    project, version = sys.argv[-2], sys.argv[-1]
    main(project, version)
```

执行器中代码的执行过程和上面设计的一样。需要注意的是，解包运行时导入的是名为 sail 的模块，并调用指定的 main()方法。也就是说，在打包 Python 项目时，项目必须符合如下结构：

```
|-- sail
    |-- __init__.py
```

入口函数 main()必须写在__init__.py 文件中。这样一来，只要符合这个结构的 Python 项目都可以部署到 Sailboat 上进行管理和调度。

执行器的代码确定后，完善执行者 performer()的代码。上面提到了 Popen()，依照 Python 文档中相应的介绍，执行者的代码顺势而成：

```
import os
import sys
import logging
import subprocess
from datetime import datetime
from uuid import uuid4
import logging

from settings import LOGPATH, RIDEPATH
from connect import databases


def delta_format(delta):
    """时间差格式化
    将时间差格式转换为时分秒"""
    seconds = delta.seconds
    minutes, second = divmod(seconds, 60)
    hour, minute = divmod(minutes, 60)
    return "%s:%s:%s" % (hour, minute, second)


def time_format(start_time, end_time):
    """时间格式化
    将时间格式转换为年月日时分秒
```

```python
    """
    duration = delta_format(end_time - start_time)
    start = start_time.strftime("%Y-%m-%d %H:%M:%S")
    end = end_time.strftime("%Y-%m-%d %H:%M:%S")
    return start, end, duration


def performer(*args, **kwargs):
    """执行者
    获取 stdout stderr
    生成日志文件名
    将日志写入文件
    将执行信息、执行结果，以及启动时间、结束时间和运行时长存入数据库
    """
    job = str(uuid4())
    # 接收传入的参数
    project, version, mode, rule, jid, idn, username = args
    # 开启子进程调用执行器
    instructions = ['-m', RIDEPATH, project, version]
    # 记录启动时间
    start = datetime.now()
    sub = subprocess.Popen(instructions, executable=sys.executable,
                           stdout=subprocess.PIPE, stderr=subprocess.PIPE)
    # 获取输出和异常信息
    stdout, stderr = sub.communicate()
    # 记录结束时间
    end = datetime.now()
    out, err = "", ""
    try:
        out = stdout.decode("utf8")
        err = stderr.decode("utf8")
    except Exception as exc:
        logging.warning(exc)
    # 格式化起止时间并计算运行时长
    start, end, duration = time_format(start, end)
    # 生成日志
    if not os.path.exists(LOGPATH):
        os.makedirs(LOGPATH)
    room = os.path.join(LOGPATH, project)
    if not os.path.exists(room):
        os.makedirs(room)
    log = os.path.join(room, "%s.log" % job)
```

```
with open(log, 'w') as file:
    # 将子进程输出写入日志文件
    file.write(out)
    file.write(err)
# 构造执行记录并存储到数据库
message = {"project": project, "version": version,
          "mode": mode, "rule": rule,
          "job": job,
          "start": start, "end": end,
          "duration": duration, "jid": jid,
          "idn": idn, "username": username,
          "create": datetime.now()}
databases.record.insert_one(message).inserted_id
```

这里用到的 LOGPATH 和 RIDEPATH 是日志存放路径和执行器路径, 它们定义在 sailboat/settings.py 文件中:

```
LOGPATH = os.path.join(CURRENTPATH, 'logs')
RIDEPATH= os.path.join(CURRENTPATH, 'executor', 'boat.py')
```

执行者通过 subprocess.Popen()方法启动执行器的 boat.py 文件, 在启动前后分别记录下当前时间, 两次记录的时间就是项目启动时间和项目运行结束时间, 它们的差值就是项目运行时长。

运行过程中产生的输出和异常信息可以通过 communicate()方法获取, 接着将它们组合起来写入到文本文件中, 这便是项目运行日志。

6.6.10　Sailboat 定时调度功能的实现

准备好执行者和执行器后, 回到 TimerHandler 中, 执行者编写的参数接收语句正是预留给 TimerHandler 的, 这样我们就可以将项目信息和用户信息传递给执行者, 待执行器运行结束后, 信息就会存储到 MongoDB 中。TimerHandler 的代码改动如下:

```
- scheduler.add_job(performer)
+ scheduler.add_job(performer, mode, id=jid,
            args=[project, version, mode, rule, jid, idn, username],
            **rule)
```

保存改动后用 Postman 进行新一轮的测试, 客户端请求信息如下:

```
POST /api/v1/timer HTTP/1.1
Host: localhost:3031
```

```
Authorization: eyJ0eXAiOiJKV1QiLCJhbGciOiJIUzI1NiJ9.eyJ1c2VybmFt
ZSI6InRpbW8iLCJwYXNzd29yZCI6ImUxMGFkYzM5NDliYTU5YWJiZTU2ZTA1N2YyYmMGY4
ODNlIiwic3RhdHVzIjoxLCJyb2xlIjoxMDAsImV4cHJlc2UiOiIyMDE5LTEyLTE1IDIz
OjQzOjE0In0.U69ickivPytzb3ZVXnLPjT845jugvYndExsGLpEOQps
Content-Type: application/json
User-Agent: PostmanRuntime/7.20.1
Accept: */*
Cache-Control: no-cache
Postman-Token: 737c473b-63e9-4079-a50d-85d80d5841ab,5fa74d4a-
29a4-4746-ac31-407502db6020
Host: localhost:3031
Accept-Encoding: gzip, deflate
Content-Length: 125
Connection: keep-alive
cache-control: no-cache

{
    "project": "football",
    "version": "1576406681",
    "mode": "interval",
    "rule": {
        "seconds": 10
    }
}
```

服务端返回的信息与上次相似，没有问题。Sailboat 目录下多出了与日志相关的文件，日志目录结构如下：

```
|-- sailboat
  |-- logs
    |-- 0b289b3a-741b-4a29-99a5-3b46b35b381e.log
    |-- 5fef502b-a3c5-43e2-8382-9d774c2c8a87.log
    |-- fce9d70f-4f03-42b0-98f2-75b6a03b22b5.log
```

打开任意一个日志文件，其内容为：

```
200
```

这里记录的 200 正是 EGG 文件中 sail 项目的运行输出。

6.6.11　Sailboat 异常监控和钉钉机器人通知功能的编写

异常信息的捕获代码在执行者的 performer() 中，对应的代码如下：

```
# 获取输出和异常信息
stdout, stderr = sub.communicate()
out, err = "", ""
```

通过 communicate() 方法获取到的输出和错误信息是分开的，我们通过 if 语句便可实现项目运行异常的监控。检测到有异常产生时将异常信息交给信息整理器，最后将整理好的信息通过钉钉机器人接口发送给指定的人。

捕获到的异常信息分为用户主动记录和被动产生，用户主动记录的方法如：

```
import logging

logging.error("found error")
```

这种方式产生的异常内容大体如下：

```
ERROR:root:found error
```

这种异常信息的前缀带有明显的标识。被动产生的异常如 ValueError、IndexError 和 ModuleNotFoundError 等，内容大体如下：

```
Traceback (most recent call last):
  File "spider/crawl.py", line 45, in <module>
    main(project, version)
  File "spider/crawl.py", line 39, in main
    spider = import_module("sail")
  File "/lib/python3.6/importlib/__init__.py", line 126, in
import_module
    return _bootstrap._gcd_import(name[level:], package, level)
  File "<frozen importlib._bootstrap>", line 994, in _gcd_import
  File "<frozen importlib._bootstrap>", line 971, in _find_and_load
  File "<frozen importlib._bootstrap>", line 953, in
_find_and_load_unlocked
  ModuleNotFoundError: No module named 'requests'
```

被动产生的异常中会有 Traceback 关键词。根据这两个特点，异常信息的提取和分类整理就变得很容易了。考虑到不同团队使用的信息整理方式和消息通知方式差异，这里预留相应的接口，Sailboat 将实现简单的异常信息整理和钉钉机器人通知功能，有其他通知需求的团队可以根据 Sailboat 设定的接口实现通知功能。代码片段 6-11 为 Sailboat 设定的异常信息整理和消息通知接口的完整代码。

代码片段 6-11

```python
from abc import ABC, abstractmethod


class Monitor(ABC):
    """异常监控器"""

    @abstractmethod
    def push(self):
        """接收器
        被捕获到的异常信息将会送到这里"""

    @abstractmethod
    def extractor(self):
        """拆分车间
        根据需求拆分异常信息"""

    @abstractmethod
    def recombination(self):
        """重组车间
        异常信息将在这里重组"""


class Alarm(ABC):
    """警报器"""

    @abstractmethod
    def __init__(self):
        """初始配置"""

    def receive(self):
        """接收者
        接收异常信息，将其进行处理后交给发送者"""

    @abstractmethod
    def sender(self):
        """发送者
        将重组后的信息发送到端"""
```

这些代码将写在 sailboat/interface.py 文件中。接口的代码逻辑很清晰：

（1）警报器中的接收者接收异常信息并将其传递给异常监控器中的接收器。

（2）异常监控器中的接收器将消息交给拆分车间和重组车间，最后将信息返回给调用方。

（3）警报器中的接收者拿到整理好的异常信息后便交给发送者。

（4）警报器中的发送者将整理好的异常信息发送给管理员。

使用接口的方法就是在编写类的时候继承预留的 Monitor 或者 Alarm，并实现约定的方法。接下来我们为 Sailboat 编写默认的信息整理和消息发送的功能代码。

打开钉钉，组建一个钉钉群。然后点击群右上角的菜单扩展符"…"，并在弹出的面板中选择如图 6-24 所示的"添加机器人"选项。

图 6-24　钉钉面板

选择后会弹出如图 6-25 所示的机器人选择面板。

图 6-25　机器人选择面板

选择右下角的"自定义 通过 Webhook 接入自定义服务"选项。随后会弹出确认对话框，点击"添加"按钮，在弹出的"添加机器人"对话框中为机器人设置名字，并选择合适的安全设置，最后点击"完成"按钮。"添加机器人"对话框如图 6-26 所示。

图 6-26　"添加机器人"对话框

三种安全设置中，"自定义关键词"相对简单，推荐选择该选项。建议非常注重信息安全的读者选择"加签"选项。完成机器人基本信息的设置后，会弹出记录着机器人 access_token 的对话框，如图 6-27 所示。

图 6-27　access_token 对话框

此对话框中的 Webhook 栏里的 URL 和 access_token 十分重要，是驱动钉钉群内机器人的凭证。钉钉机器人支持的文本格式和消息发送方式均记录在钉钉开发文档中，点击"设置说明"按钮便会跳转到该文档。我们只需要按照文档给出的方式即可驱动钉钉机器人发送丰富的消息，此处不再赘述。代码片段 6-12 为 Sailboat 的异常监控对象 MarkdownMonitor 的完整代码。

代码片段 6-12

```python
from datetime import datetime
from interface import Monitor


class MarkdownMonitor(Monitor):

    def __init__(self):
        self.keyword = "Alarm"
        self.err_image = "http://***.sfhfpc.com/sfhfpc
/20191210133853.png"
        self.traceback_image = "http://***.sfhfpc.com/sfhfpc
/20191210133616.png"

    def push(self, txt, occurrence, timer):
        """接收器
        被捕获到的异常信息将会送到这里"""

        # 将信息按行分割
        message = []
        line = ""
        for i in txt:
            if i != "\n":
                line += i
            else:
                message.append(line)
                line = ""
        err, traceback, res = self.extractor(message)
        content = self.recombination(err, traceback, res,
occurrence, timer)
        return content

    def extractor(self, message):
        """拆分车间
```

```
        根据需求拆分异常信息"""
        result = []
        err_number = 0
        traceback_number = 0
        for k, v in enumerate(message):
            # 异常分类
            if "ERROR" in v:
                # 类别数量统计
                err_number += 1
                # 放入信息队列
                result.append(v)
            if "Traceback" in v:
                # 类别数量统计
                traceback_number += 1
                # 放入信息队列
                result += message[k:]
        return err_number, traceback_number, result

    def recombination(self, err, traceback, res, occurrence, timer):
        """重组车间
        异常信息将在这里重组"""
        title = "Traceback" if traceback else "Error"
        image = self.traceback_image if traceback else self.err_image
        err_message = "\n\n > ".join(res)
        now = datetime.now().strftime("%Y-%m-%d %H:%M:%S")
        # 按照钉钉文档中的 MarkDown 格式示例构造信息
        article = "#### TOTAL -- Error Number: {}, Traceback Number:
{} \n".format(err, traceback) + \
                  "> ![screenshot]({}) \n\n".format(image) + \
                  "> **Error message** \n\n" + \
                  "> {} \n\n".format(err_message) + \
                  "> -------- \n\n" + \
                  "> **Timer**\n\n> {} \n\n".format(timer) +\
                  "> -------- \n\n" + \
                  "> **Other information** \n\n" + \
                  "> Occurrence Time: {} \n\n".format(occurrence) + \
                  "> Send Time: {} \n\n".format(now) + \
                  "> Message Type: {}".format(self.keyword)

        content = {
            "msgtype": "markdown",
            "markdown": {"title": title, "text": article}
```

```
        }
        return content
```

这里通过 for 循环将异常信息进行分类并统计，重组时按照钉钉开发文章中的 MarkDown 格式构造消息。MarkdownMonitor 对象写在 sailboat/supervise/monitors.py 文件中，它继承了 Sailboat 预留的接口对象 Monitor，并按照约定重写了 push()、extractor() 和 recombination()方法。代码片段 6-13 为 Sailboat 的警报器对象 DingAlarm 的完整代码。

代码片段 6-13

```python
import hashlib
import hmac
import time
import base64
import json
import logging
from urllib.parse import quote_plus
import requests
from interface import Alarm

from supervise.monitors import MarkdownMonitor


class DingAlarm(Alarm):

    def __init__(self):
        self.access_key = "xxx"
        self.secret = "GQSxx"
        self.token = "https://oapi.*****.com/robot/send?
access_token=xxx"
        self.header = {"Content-Type": "application/json;
charset=UTF-8"}
        self.monitor = MarkdownMonitor()

    def receive(self, txt, occurrence, timer):
        """接收者
        接收异常信息，将其进行处理后交给发送者"""
        content = self.monitor.push(txt, occurrence, timer)
        self.sender(content)

    @staticmethod
```

```python
    def _sign(timestamps, secret, mode=False):
        """钉钉签名计算
        根据钉钉文档指引计算签名信息
        文档参考
        https://docs.******.org/3.6/library/hmac.html
        https://docs.******.org/3.6/library/urllib.parse
.html#urllib.parse.quote
        https://********.dingtalk.com/doc#/faquestions/hxs5v9
        """
        if not isinstance(timestamps, str):
            # 如果钉钉机器人的安全措施为密钥，那么按照文档指引传入的是字符串，
反之为数字
            # 加密时需要转成字节，所以这里要确保时间戳为字符串
            timestamps = str(timestamps)
        mav = hmac.new(secret.encode("utf8"), digestmod=
hashlib.sha256)
        mav.update(timestamps.encode("utf8"))
        result = mav.digest()
        # 对签名值进行 Base64 编码
        signature = base64.b64encode(result).decode("utf8")
        if mode:
            # 可选择是否将签名值进行 URL 编码
            signature = quote_plus(signature)
        return signature


    def sender(self, message):
        """发送者
        将重组后的信息发送到端"""
        timestamps = int(time.time()) * 1000
        # sign = self._sign(timestamps, self.secret, True)
        # 根据钉钉文档构造链接
        url = self.token  # + "&timestamp=%s&sign=%s" % (timestamps, sign)
        # 通过钉钉机器人将消息发送到钉钉群
        resp = requests.post(url, headers=self.header, json=message)
        # 根据返回的错误码判断消息发送状态
        err = json.loads(resp.text)
        if err.get("errcode"):
            logging.warning(err)
            return False
        else:
            logging.info("Message Sender Success")
            return True
```

　　如果在添加机器人时选择的安全设置选项是"自定义关键词"，那么通过 Webhook 栏给出的 URL 便可驱动钉钉机器人。如果选择的是"加签"选项，那么就得按照钉钉开发文档中介绍的签名计算方式计算签名，请求时必须携带计算得到的签名字符串。警报器对象 DingAlarm 中的 sign()方法为对应的签名计算方法，使用时传入约定的参数即可。DingAlarm 对象写在 sailboat/supervise/alarms.py 文件中，它继承了 Sailboat 预留的接口对象 Alarm，并按照约定重写了__init__()、receive()和 sender()方法。

　　异常监控和消息通知的功能启动很简单，只需要在执行者的代码中引入 DingAlarm 对象，然后加上异常判断的 if 语句，并将异常信息传给 DingAlarm 对象的接收者 receive()即可。对应的代码改动如下：

```
+ from supervise.alarms import DingAlarm

def performer(*args, **kwargs):
        ……
+    if err:
+        # 如果项目运行期间有异常产生，则触发异常监控和警报器
+        DingAlarm().receive(err, datetime.now().strftime
("%Y-%m-%d %H:%M:%S"), message)
```

　　至此，我们完成了 Sailboat 主体功能代码的编写。它现在具备了本节开头时罗列的大部分功能，例如：

- 支持非框架的 Python 项目，且保留框架项目的接口。
- 与 Scrapyd 类似的项目部署功能。
- 项目异常监控和通知功能。
- 用户注册和登录。
- 权限管理。
- 动态添加或删除定时任务。
- 项目运行日志的收集。

　　剩下一些展示类 API、数据更新接口和数据删除接口的实现，这些并不是本书的重点，对此感兴趣的读者可以动手完善 Sailboat 的功能或者对其进行扩展。

本节小结

　　这一节的内容非常多，收获颇丰。在 Sailboat 的设计和开发过程中，我们吸取了 Scrapyd 的很多优点，同时也做了不少的创新，最后打造出一个适用于任何 Python 项目的项目管理平台。需要注意的是，Scrapyd 和 Sailboat 都是单机服务，单机性能有限且存在宕机风险，更好的选择是分布式调度平台。

6.7　分布式调度平台 Crawlab 核心架构解析

Crawlab 是一款基于 Golang 的分布式爬虫项目管理平台，支持 Python、Golang、PHP、NodeJS 和 Java 等项目。项目上线半年时间收获 GitHub Star 的数量为 4300 多个，说明它非常受欢迎。Crawlab 的主界面如图 6-28 所示。

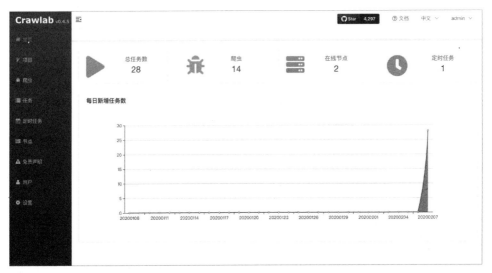

图 6-28　Crawlab 的主界面

主界面是一些信息总览，例如总任务数、爬虫数量、定时任务数量和任务数增长图表等。任务执行记录页如图 6-29 所示。

	节点	爬虫	状态	参数	开始时间	结束时间	等待时长（秒）	运行时长（秒）	总时长	操作
	10.244.2.31	体育门户	✓已完成	xueqiu_spider --loglevel=INFO	2020-03-07 19:45:25	2020-03-07 19:46:33	0	68		
	10.244.2.31	体育赛事	⊗错误		2020-03-06 17:32:48	2020-03-06 17:32:48	0	0		
	10.244.2.31	体育直播	✓已完成	xueqiu_spider --loglevel=INFO	2020-03-06 10:19:05	2020-03-06 10:20:08	0	63		
	10.244.2.31	实时直播	✓已完成	sinastock_spider --loglevel=INFO	2020-03-06 10:17:49	2020-03-06 10:17:51	0	2		
	10.244.2.31	实时直播B	✓已完成		2020-03-05 17:49:51	2020-03-05 17:49:52	0	1		
	10.244.2.31	NewRSS	✓已完成		2020-03-05 17:49:13	2020-03-05 17:49:15	0	2		
	10.244.1.94	游戏比赛	✓已完成		2020-03-05 17:49:13	2020-03-05 17:49:16	0	3		
	10.244.1.93	英雄联盟专场	✓已完成		2020-03-05 17:49:13	2020-03-05 17:49:16	0	3		
	10.244.2.31	篮球文字直播	✓已完成		2020-03-05 17:02:56	2020-03-05 17:02:57	0	1		
	10.244.2.31	篮球音频直播	✓已完成		2020-03-05 16:03:40	2020-03-05 16:03:41	0	1		

图 6-29　任务执行记录页

除此之外，Crawlab 还支持用户权限管理、节点监控、定时任务和钉钉机器人通知。图 6-30 描述了 Crawlab 的各组件之间的关系。

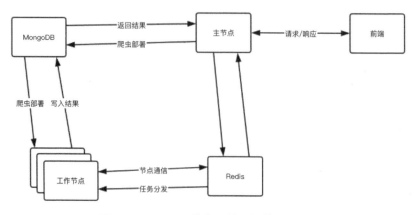

图 6-30   Crawlab 的各组件之间的关系

Crawlab 架构包括了一个主节点（Master Node）、多个工作节点（Worker Node）、负责通信的 Redis 和用于存储数据的 MongoDB。用户通过前端向主节点请求数据，主节点通过 MongoDB 和 Redis 来执行任务派发调度或部署。工作节点收到任务之后执行爬虫任务，并将任务结果存储到 MongoDB。

这里的通信主要是指节点间的即时通信，通信主要由 Redis 来完成。图 6-31 描述了节点通信。

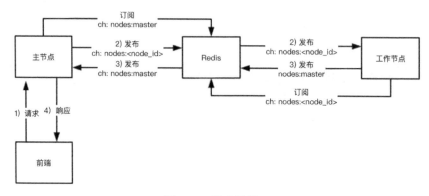

图 6-31   节点通信

各个节点会通过 Redis 的 PubSub 功能进行通信。主节点订阅 nodes:master 通道，其他节点如果要向主节点发送消息，只需要将消息发布到 nodes:master 即可。

Crawlab 的任务执行依赖于 Shell，执行一个爬虫任务相当于在 Shell 中执行相应的命令，因此在执行爬虫任务之前要求使用者将执行命令存入数据库。图 6-32 描述了任务执行流程。

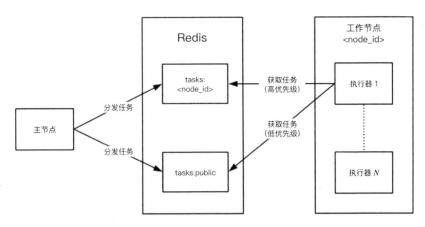

图 6-32　任务执行流程

　　每个工作节点在启动时会调用多个执行器，每个执行器都会去轮询 Redis 中的任务队列，如果读取到任务则进入执行流程，根据参数决定使用哪个 Shell 命令启动爬虫。

　　你可能会好奇，Crawlab 如何实现分布式任务的？

　　实际上这项功能基于 MongoDB 的 GridFS 实现，图 6-33 描述了文件从主节点同步到工作节点的过程。

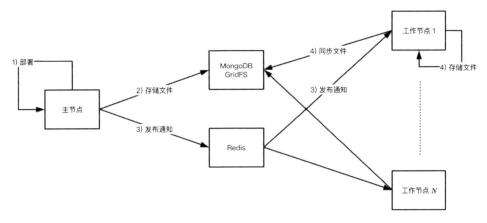

图 6-33　文件同步

　　主节点收到部署请求时会将文件存储到 MongoDB GridFS，同时记录文件信息，接着通过 Redis 通知工作节点去同步文件。工作节点收到消息后启动同步行为，将文件存储到工作节点的磁盘中。也就是说，工作节点通过 Redis 与主节点通信，主节点利用 MongoDB 的 GridFS 将爬虫同步到工作节点。

　　那 Crawlab 如何监控节点状态呢？

　　节点状态监控功能基于 Redis 实现，图 6-34 描述了节点监控的流程。

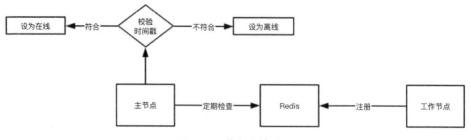

图 6-34　节点监控流程

工作节点将自己的信息存储在 Redis 的哈希列表中，主节点读取 Redis 中的节点信息并进行时间戳校验，就可以知道节点状态和信息了。

实践题

（1）动手实践 6.4 节介绍的项目打包与解包运行。

（2）为 Sailboat 增加 Scrapy 项目的执行器，使它能够调度 Scrapy 项目。

（3）体验 Crawlab，并设计一套更简洁的架构。

本章小结

在 6.1 节中，我们学会了如何判断项目是否需要部署。在 6.2 和 6.3 节中了解了 Scrapyd 的基本使用和项目部署流程。在 6.4 节中，我们用新的方式实现了与 Scrapyd 相同的 Python 项目打包和解包运行的功能。爬虫程序通常需要按照一定的时间规则周而复始地运行，因此我们在 6.5 节学习了几种不同的定时任务可选方式，确定 APScheduler 是我们想要的那一种。

6.6 节是对前面知识点的归纳与创新，我们设计了兼容性高的 Python 项目管理平台 Sailboat，它能够让我们管理和调度非框架类的 Python 项目。在 Sailboat 的开发过程中用到了很多知识，例如子进程、定时任务和解包等。

在 6.7 节中，我们讨论了分布式调度平台 Crawlab 的核心架构和实现原理，并从中学习了很多新知识。这些知识将伴随我们的整个爬虫生涯，希望大家早日掌握。